煤炭中等职业学校一体化课程改革教材

煤炭采制样方法
（含 工 作 页）

温俊萍　张海芳　主编

应 急 管 理 出 版 社

·北　京·

图书在版编目（CIP）数据

煤炭采制样方法：含工作页／温俊萍，张海芳主编．
－－北京：应急管理出版社，2020

煤炭中等职业学校一体化课程改革教材

ISBN 978 - 7 - 5020 - 8443 - 1

Ⅰ.①煤… Ⅱ.①温… ②张… Ⅲ.①煤样—采样—
中等专业学校—教材 Ⅳ.①TD942.63

中国版本图书馆 CIP 数据核字（2020）第 228420 号

煤炭采制样方法（含工作页）

（煤炭中等职业学校一体化课程改革教材）

主　　编	温俊萍　张海芳
责任编辑	罗秀全
编　　辑	孟琪
责任校对	陈　慧
封面设计	罗针盘

出版发行	应急管理出版社（北京市朝阳区芍药居 35 号　100029）
电　　话	010 - 84657898（总编室）　010 - 84657880（读者服务部）
网　　址	www. cciph. com. cn
印　　刷	北京玥实印刷有限公司
经　　销	全国新华书店

开　　本	787mm×1092mm$^1/_{16}$　印张　$12^1/_4$　字数　283 千字
版　　次	2020 年 12 月第 1 版　2020 年 12 月第 1 次印刷
社内编号	20201039　　　　定价　38.00 元

煤炭中等职业学校一体化课程改革教材
编 审 委 员 会

前　　言

随着我国供给侧结构性改革的推进和煤炭行业去产能、调结构及资源整合步伐的加快，我国煤矿正向工业化、信息化和智能化方向发展。在这一迅速发展的进程中，我国煤矿生产技术正在发生急剧变化，加强人才引进和从业人员技术培训，打造适应新形势的技能人才队伍，是煤炭行业和各个煤矿的迫切需要。

中职院校是系统培养技能人才的重要基地。多年来，煤炭中职院校始终紧紧围绕煤炭行业发展和劳动者就业，以满足经济社会发展和企业对技术工人的需求为办学宗旨，形成了鲜明的办学特色，为煤炭行业培养了大批生产一线高技能人才。为遵循技能人才成长规律，切实提高培养质量，进一步发挥中职院校在技能人才培养中的基础作用，从 2009 年开始，人社部在全国部分中职院校启动了一体化课程教学改革试点工作，推进以职业活动为导向、以校企合作为基础、以综合职业能力教育培养为核心，理论教学与技能操作融会贯通的一体化课程教学改革。在这一背景下，为满足煤炭行业技能人才需要，打造高素质、高技术水平的技能人才队伍，提高煤炭中职院校教学水平，山西焦煤技师学院组织一百余位煤炭工程技术人员、煤炭生产一线优秀技术骨干和学校骨干教师，历时近五年编写了这套供煤炭中等职业学校和煤炭企业参考使用的《煤炭中等职业学校一体化课程改革教材》。

这套教材主要包括山西焦煤技师学院机电、采矿和煤化三个重点建设专业的核心课程教材，涵盖了该专业的最新改革成果。教材突出了一体化教学的特色，实现了理论知识与技能训练的有机结合。希望教材的出版能够推动中等职业院校的一体化课程改革，为中等职业学校专业建设工作作出贡献。

《煤炭采制样方法（含工作页）》是这套教材中的一种。介绍了商品煤样、煤层煤样和生产煤样的采取，以及破碎、筛分、缩分和干燥四个制样程序，从任务分析、操作方法和步骤、设备介绍、使用工具、注意事项等环节进行讲解。采用一体化模式编写，截取大量实训教学图片，并对各实训项目进行了详细、规范的讲解。该书既适合于教师教学，又利于学生学习操作，符合生产现场实际情况。

本书具有直观易懂、方便易学的特点，适合于煤矿职业学校采制样工专业的学生。还可作为企业培训、职业技能鉴定机构以及生产一线相关专业技术人员的参考用书。本书内容为中、高级工均应掌握的技能。

本书由山西焦煤技师学院温俊萍负责全书大纲的拟定和统稿工作，张海芳负责工作页部分的编写。

在本教材编写的过程中，得到了山西汾西矿业（集团）有限责任公司的大力支持，在此表示感谢。

由于编者水平及时间有限，书中难免有不当之处，恳请广大读者批评、指正。

煤炭中等职业学校一体化课程改革
教材编审委员会
2019 年 12 月

总　目　录

总目录

煤炭采制样方法

目　　　录

模块一　商品煤样的采取

商品煤样是用来确定供给用户煤平均性质的煤样，即从销售的商品煤中采取小部分具有代表性的煤样。根据商品煤样的化验结果，即可了解外运或收到煤的质量，并以此作为发运或验收及计价的依据。

商品煤样可在煤流中、运输工具顶部及煤堆上采取。

一、基本概念

（1）煤样：为确定某些特性而从煤中采取的具有代表性的一部分煤。

（2）商品煤样：代表商品煤平均性质的煤样。

（3）专用试验煤样：为满足某一特殊试验要求而制备的煤样。

（4）共用煤样：为进行多个试验而采取的煤样。

（5）全水分煤样：为进行全水分分析而专门采取的煤样。

（6）一般煤样：为制备一般分析试验煤样而采取的煤样。

（7）一般分析试验煤样：破碎到粒度小于 0.2 mm 并达到空气干燥状态用于化学特性测定的煤样。

（8）粒度分析煤样：为进行粒度分析而专门采取的煤样。

（9）子样：采样器具操作一次或截取一次煤流全横截段所采取的一份样。

（10）分样：由均匀分布于整个采样单元的若干初级子样组成的煤样。

（11）总样：从一采样单元取出的全部子样合并成的煤样。

（12）初级子样：在采样第一阶段于任何破碎和缩分前采取的子样缩分后试样。

（13）缩分后试样：为减少试样质量而将之缩分后保留的一部分。

（14）采样：从大量煤中采取具有代表性的一部分煤的过程。

（15）连续采样：从每一个采样单元采取一个总样，采样时子样点以均匀的间隔分布。

（16）间断采样：仅从某几个采样单元采样。

（17）批：需要进行整体性质测定的一个独立煤量。

（18）采样单元：从一批煤中采取一个总样的煤量。一批煤可以是一个或多个采样单元。

（19）标称最大粒度：与筛上物累计质量分数最接近（但不大于）5% 的筛子相应的筛孔尺寸。

（20）精密度：在规定条件下所得独立试验结果间的符合程度。

（21）系统采样：按相同的时间、空间或质量间隔采取子样，但第一个子样在第一间隔内随机采取，其余的子样按选定的间隔采取。

（22）随机采样：采取子样时，对采样的部位或时间均不施加任何人为的意志，使任何部位的煤都有机会采出。

（23）时间基采样：从煤流中采取子样，每个子样的位置用一时间间隔来确定，子样质量与采样时的煤流量成正比。

（24）质量基采样：从煤流或静止煤中采取子样，每个子样的位置用一质量间隔来确定，子样质量固定。

（25）分层随机采样：在质量基采样和时间基采样划分的质量或时间间隔内随机采取一个子样。

（26）误差：观测值和可接受的参比值间的差值。

（27）方差：分散度的量度。数值上为观测值与它们的平均值之差值的平方和除以自由度（观测次数减1）。

（28）标准（偏）差：方差的平方根。

（29）变异系数：标准差对算术平均值绝对值的百分比，又称相对标准偏差。

（30）随机误差：统计上独立于先前误差的误差。

（31）偏倚：系统误差，它导致一系列结果的平均值总是高于或低于用一参比方法得到的值。

（32）实质性偏倚：具有实际重要性或合同各方同意的允许偏倚。

二、采样原则

1. 采样单元

（1）精煤和特种工业用煤，按品种、分用户以（1000±100）t为采样单元，其他煤按品种，不分用户以（1000±100）t为采样单元。进出口煤及其他煤按品种、分国别以交货量或一天的实际运量为一个采样单元。

（2）新标准规定的基本采样单元仅与品种和煤量有关，而与用户无关，但它并不意味着供给不同用户的、总量为1000 t的同一品煤，可以只采取1个总样，而且该总样的测定结果适用于各用户。当批量不足1000 t或大于1000 t时，可以根据实际情况，以下列煤量为一采样单元：①一列火车装载的煤；②一船装载的煤；③一车或一船舱装载的煤；④一段时间内发送或接收的煤。

（3）如需进行单批煤质量核对，应对同一采样单元煤进行采样、制样和化验。该条规定意味着，在对一批煤（无论其批量小于、等于或大于一基本采样单元煤量）进行质量核对（包括品质抽查、验收或比对）时，有关方的采样单元煤量必须相同。否则会因煤炭品质的不均匀性而导致不一致的结果。

2. 采样的一般原则

（1）煤炭采样和制样的目的，是为了获得其一个试验结果能代表整批被采样煤的试验煤样。

（2）采样和制样的基本过程，首先从分布于整批煤的许多点收集相当数量的一份煤，即初级子样，然后将各初级子样直接合并或缩分后合并成一个总样，最后将此总样经过一系列制样程序制成所要求数目和类型的试验煤样。

（3）采样的基本要求，是被采样批煤的所有颗粒都可能进入采样设备，每一个颗粒都有相等的概率被采入试样中。

（4）为了保证所得试样的试验结果的精密度符合要求，采样时应考虑以下因素：

① 煤的变异性（一般以初级子样方差衡量）；

② 从该批煤中采取的总样数目；

③ 每个总样的子样数目；

④ 与标称最大粒度相应的试样质量。

3. 采样精密度

所有的采样、制样和化验方法中误差总是存在的，同时用这样的方法得到的任一指定参数的试验结果也将偏离该参数的真值。由于不能确切了解"真值"，一个单个结果对"真值"的绝对偏倚是不可能测定的，而只能对该试验结果的精密度做估算。对同一煤进行一系列测定所得结果间的彼此符合程度就是精密度，而这一系列测定结果的平均值对可以接受的参比值的偏离程度就是偏倚。

原煤、筛选煤、精煤和其他选煤（包括中煤）的采样、制样和化验总精密度（灰分）规定见表 1-1。

表 1-1　采样、制样和化验总精密度（A_d）

原煤、筛选煤		精　煤	其他选煤（包括中煤）
干基灰分 $A_d \leqslant 20\%$	干基灰分 $A_d > 20\%$		
±1/10×灰分，但不小于 ±1%（绝对值）	±2%（绝对值）	±1%（绝对值）	±1.5%（绝对值）

4. 子样数目

（1）1000 t 原煤、筛选煤、精煤和其他选煤（包括中煤）的基本采样单元子样数见表 1-2。

表 1-2　1000 t 最少子样数目（基本采样单元子样数）

品　　种	干基灰分/%	采样地点				
		煤流/个	火车/个	汽车/个	煤堆/个	船舶/个
原煤、筛选煤	干基灰分 > 20	60	60	60	60	60
	干基灰分 ≤ 20	30	60	60	60	60
精煤	—	15	20	20	20	20
其他选煤（包括中煤）	—	20	20	20	20	20

（2）采样单元煤量大于 1000 t 时的子样数目，计算公式为

$$N = n \sqrt{\frac{M}{1000}} \tag{1-1}$$

式中　N——实际应采子样数目，个；

　　　n——表1-2中规定的子样数目，个；

　　　M——实际被采样煤量，t。

（3）采样单元煤量少于1000 t时子样数根据表1-2规定数目按比例递减（即 $N = n\sqrt{\dfrac{M}{1000}}$），但最少不得少于表1-3规定数目。

表1-3　采样单元煤量少于1000 t时的最少子样数目

品　　种	干基灰分/%	采样地点				
		煤流/个	火车/个	汽车/个	煤堆/个	船舶/个
原煤、筛选煤	干基灰分＞20	18	18	18	30	30
	干基灰分≤20	10	18	18	30	30
精煤	—	10	10	10	10	10
其他选煤（包括中煤）	—	10	10	10	10	10

5. 子样最小质量

子样质量与煤的最大粒度有关，粒度越大子样质量越多。子样最小质量按公式（1-2）计算，但计算值小于0.5 kg时取0.5 kg。

$$m_a = 0.06d \qquad\qquad (1-2)$$

式中　m_a——子样最小质量，kg；

　　　d——被采样煤标称最大粒度，mm。

每个子样的最小质量根据商品煤标称最大粒度按规定确定（表1-4）。

表1-4　部分粒度的初级子样最小质量

标称最大粒度/mm	子样质量参考值/kg	标称最大粒度/mm	子样质量参考值/kg
100	6.0	13	0.8
50	3.0	≤6	0.5
25	1.5		

三、采样方案选择

采样原则上按《商品煤样人工采取方法》（GB 475—2008）规定的基本采样方案进行，但在下列情况下应另行设计专用采样方案，并在取得有关方同意后方可实施：

（1）采样精密度用灰分以外的煤质特性参数表示时。

（2）要求的灰分精密度值小于表1-1所列值时。

（3）经有关方同意需另行设计采样方案时。

无论基本采样方案或专用采样方案，都应按规定进行采样精密度核验和偏倚试验，确认符合要求后方可实施。

学习任务一　煤流中采样

【学习目标】

（1）通过仔细阅读《商品煤样人工采取方法》（GB 475—2008），明确学习任务。

（2）根据《选煤厂安全规程》（AQ 1010—2005）和实际情况，合理制订工作（学习）计划。

（3）正确认识煤流中采样所使用的各种设备、工具及其功能。

（4）正确操作采样工具。

（5）独立完成煤流中采样整个过程并填写试验报告单。

【建议课时】

6课时。

【工作情景描述】

（1）生产正常情况下，接到通知后，在组长的带领下、监督人员的现场监督下，认真核对位置，确认无误后严格按照国家标准《商品煤样人工采取方法》（GB 475—2008）要求进行采样。

（2）严格执行"采到什么就是什么"的原则，严禁有选择性采样现象的发生。

学习活动1　明确工作任务

【学习目标】

（1）通过仔细阅读《商品煤样人工采取方法》（GB 475—2008），明确学习任务、课时分配等要求。

（2）准确在煤流中分布子样点。

（3）正确理解商品煤样在煤流中采取的要求、采样设备、操作工具及操作注意事项。

（4）独立完成在煤流中采样的整个操作过程。

一、明确工作任务

在接到煤流中采取商品煤样任务后，学生应确定子样数目和子样质量，进一步在煤流中布置采样点，重点是商品煤在煤流中的采样方法。

二、相关的理论知识

子样应以等质量间隔（装有电子秤的动态称量时）或等时间间隔（没装有电子秤时）的原则分布在煤流流过的有效时间内，第一个子样随机布置，以消除系统误差。

煤流中采样按时间基或质量基采样进行，煤量在1000 t时，子样数目和质量按表1-

2 中规定确定。

时间间隔按公式（1－3）计算：

$$T \leqslant \frac{60Q}{Gn} \tag{1-3}$$

式中　T——子样时间间隔，min；

　　　Q——采样单元，t；

　　　G——煤流量，t/h；

　　　n——子样数目，个。

质量间隔按公式（1－4）计算：

$$m \leqslant \frac{Q}{n} \tag{1-4}$$

式中　m——子样质量间隔，t；

　　　Q——采样单元，t；

　　　n——子样数目，个。

学习活动2　工作前的准备

【学习目标】

（1）掌握采样基础知识，明确学习任务、熟悉采样步骤及过程。

（2）根据煤种、用途、发运量等规定，掌握采样单元、最少子样数目和子样质量的确定。

（3）掌握商品煤样在煤流中采取所使用工具与注意事项。

（4）熟悉采样安全操作规定。

一、工具与设备

（1）采样器。开口尺寸应不小于被采煤样最大粒度3倍且不小于30 mm（采样铲、接斗），器具的容量应能容纳一个子样的煤量，且不被试样充满，煤样不会从器具中溢出或泄漏。如果用于落流采样，采样器开口的长度大于截取煤流的全宽度（前后移动截取时）或全厚度（左右移动截取时）。

（2）采样铲。长和宽均应不小于被采煤样最大粒度3倍且不小于30 mm，对于最大粒度大于50 mm的煤可用尺寸为300 mm×150 mm的采样铲。采样铲由钢板制成并配有足够长度的手柄，铲的底板头部可为尖形（图1－1）。

（3）接样斗。用不锈钢等不易粘煤的材料制成，适用于从下落煤流中采样，开口尺寸至少应为被采煤样最大粒度3倍且不小于30 mm。

图1－1　采样铲

接样斗的容量应能容纳输送机最大运量时煤流全断面的全部煤量。

二、材料与资料

《商品煤样人工采取方法》(GB 475—2008)。

学习活动 3　现　场　操　作

【学习目标】

（1）熟练掌握本活动安全要求，并能按照安全要求进行操作。

（2）正确使用采样铲和接斗。

一、移动采样

移动煤流采样可在落煤流中或输送带上的煤流中进行。采样可按时间基或质量基以系统采样方式或分层随机采样方式进行。从操作方便和经济的角度出发，时间基采样较好。

二、落流采样法

（1）该方法不适用于煤流量在 400 t/h 以上的系统。

（2）煤样在输送带转输点的下落煤流中采取。

（3）采样时，采样装置应尽可能地以恒定的小于 0.6 m/s 的速度横向切过煤流。采样器的开口应至少是煤标称最大粒度的 3 倍并不小于 30 mm，采样器容量应足够大，子样不能充满采样器。采出的子样应没有不适当的物理损失。

（4）采样时，使采样斗沿煤流长度或厚度方向一次通过煤流截取一个子样。为安全和方便，可将采样斗置于支架上，并可沿支架横杆从左至右（或相反）或从前至后（或相反）移动采样（图 1-2）。

图 1-2　采样现场

三、注意事项

（1）在煤流中采取商品煤样时，应尽量截取完整煤流横截断作为子样。

（2）试样应尽可能从流速和负荷都较均匀的煤流中采取，应尽量避免煤流的负荷和品质变化周期与采样器的运行周期重合，以免导致采样偏倚。

（3）在以横截煤流的方式采样时，采样器必须紧贴输送带或从煤流中移过，采取全断面的煤样。如悬空铲取或刮取，也会因粒度偏倚而使结果偏高或偏低。

（4）用铲取样时，铲子只能在煤流中穿过一次，即只能在进入或撤出煤流时取样，不能进、出都取样。

（5）在移动煤流中人工铲取煤样时，输送带的移动速度不能太大（一般不超过1.5 m/s），并且保证安全，采样可按时间基或质量基以系统采样方式或分层随机采样方式进行。从操作方便和经济的角度出发，时间基采样较好。

（6）采样完成后，必须在监督人员的监督下共同将样品送制样室。如不能立即进行制样，需装入保水袋，放入样品标识签，密封保存，防止煤质变化，样品还必须放入存样室并加锁（双人双锁）。

（7）在采样时发现来煤有异常情况时，要按照"来煤异常情况处理程序"及时汇报处理。

（8）自觉接受监督人员的监督，如出现违规现象，查证属实后将进行严格考核、处理。

学习任务二　汽车上采样

【学习目标】

（1）通过仔细阅读《商品煤样人工采取方法》（GB 475—2008），明确学习任务。

（2）根据《选煤厂安全规程》（AQ 1010—2005）和实际情况，合理制订工作（学习）计划。

（3）正确认识汽车上采样所使用的各种设备、工具及其功能。

（4）正确操作采样工具。

（5）独立完成汽车上采样整个过程并填写试验报告单。

【建议课时】

4课时。

【工作情景描述】

（1）接到来煤通知后，在组长的带领下、监督人员的现场监督下，认真核对来煤运输车辆编码、位置，确认无误后严格按照国家标准《商品煤样人工采取方法》（GB 475—2008）要求进行采样。

（2）严格执行"采到什么就是什么"的原则，严禁有选择性采样现象的发生。

（3）对于需要挖底的来煤，在挖底深度及数量上要达到要求。

学习活动1　明确工作任务

【学习目标】

（1）通过学习《选煤厂安全规程》（AQ 1010—2005），明确学习任务、课时分配等要求。

（2）准确在汽车上分布子样点。

（3）正确理解商品煤样在汽车上采取的要求、使用设备、操作工具及工作注意事项。

（4）独立完成在汽车上采样的整个操作过程。

一、明确工作任务

在接到汽车上采取商品煤样任务后，学生应明确子样数目和子样质量的确定，进一步在汽车上布置采样点。重点是在汽车顶部采取商品煤样的方法。

二、相关的理论知识

汽车上采样，1000 t 煤量的最少子样数目根据表 1 – 2 ~ 表 1 – 4 规定确定，质量通过计算得出。

1. 系统采样法

将车厢或船舶煤表面分成若干面积相等的小方块并编号，然后依次轮流从各车或船的各小方块中部采集 1 个子样，第一个子样在第一车或船的随机选取 1 个小方块中采取，其余子样从后继车厢或船舱中顺序采取。

当各车子数相等时，将车厢表面分成若干个（15 ~ 18）边长 1 ~ 2 m 的小块并编号。当每车子样数等于或大于 2 时，将相继的、数量与欲采子样数相等的号编成一组并编号。如每车采 3 个子样，则将 1、2、3 编为第一组，4、5、6 编为第二组，依次类推。用随机方法决定第一车厢的第一采组的数字顺序从后继车厢中依次轮流采样。

2. 随机采样法

1）抽签法

将车厢煤表面分成若干面积相等的大小块并编号，制作数量与小块相等的牌子并编号，一块牌子对应一个小块。将牌子放入一个袋（A）中，当决定第一个车的子样位置时，从袋中取出数量与需从该车采取的子样数相等的牌子，并从与牌号相应的小方块中采取子样，然后将抽出的牌子放入另一袋（B）中；当决定第二车的子样位置时，从原袋（A）中取出数量与需从该车采取的子样数相等的牌子，并从与牌号相应的小方块中采取子样；以同样的方法决定其他各车的子样。当原袋（A）的牌子抽完后，反过来从另一袋（B）中抽牌，再放回原袋。如是交替，直到采样结束。

2）随机指定法

将车厢煤表面分成若干面积相等的小块并编号，在黑板中写上所有小块的号码，当第 1 车采样时，从黑板号码中随机指定数量与该车子样数相等的数个号码，并从相应编号的小块中采取子样，然后将这几个号码擦去；当第 2 车采样时，从黑板剩余的号码中随机指定数量与该车需采子样数相等的数个号码，并从相应编号的小块中采取子样，然后将这几个号码擦去；用同样的方法决定其余车的子样位置。当黑板上号码擦完后，再重新写上。如是反复，直到采样完毕。

当进行深部分层采样时，除按上述方法决定采样小块外，还需用类似的抽签法或随机指定法来决定每一小块的采样层位（上层、中层、下层）。

学习活动 2　工作前的准备

【学习目标】

（1）阅读采样基础知识，明确学习任务、熟悉采样步骤及过程。

（2）根据煤种、用途、发运量等规定，掌握采样单元、最少子样数目和子样质量的确定。

（3）掌握商品煤样在汽车上采取所使用工具与注意事项。

（4）熟悉采样安全操作规定。

一、工具与设备

（1）采样器。开口尺寸应不小于被采煤样最大粒度 3 倍且不小于 30 mm（采样铲、接斗），器具的容量应能容纳一个子样的煤量，且不被试样充满，煤样不会从器具中溢出或泄漏。

（2）采样铲由钢板制成，并配有足够长度的手柄。如进行其他粒度的煤采样可相应调整铲的尺寸，铲的底板头部可为尖形。

二、材料与资料

《商品煤样人工采取方法》（GB 475—2008）。

学习活动 3　现　场　操　作

【学习目标】

（1）熟练掌握本活动安全要求，并能按照安全要求进行操作。

（2）正确使用采样铲和接斗。

一、采样中车厢的选择

（1）载重 20 t 以上汽车，按火车采样方法选择车厢。

（2）载重 20 t 以下汽车，按下述方法选择车厢：

① 子样数 = 车厢数时，每一车 1 个子样；

② 子样数 > 车厢数时，按以下方法之一选择：

方法 A：当子样数为车厢数的整倍数时，总子样数÷车厢数 = 每一车厢子样数。

方法 B：当子样数不为车厢数的整倍数时，增加子样，使之成为车厢数的最小整倍数，然后 1 车厢采取相等数的子样；或用系统采样方法或随机采样方法将余数子样分布于该采样单元各车厢。

③ 子样数 < 车厢数时，增加子样数，使之与车厢数相等，然后每一车厢采取 1 个子样；或将整个采样单元均匀分成若干（每段包括若干车），然后用系统采样方法或随机采样方法从每一段采取 1 个或数个子样。例如，一个采样单元共 100 辆汽车，需采子样 80 个，可将子样数由 80 增加到 100，然后每车采 1 个子样。也可将 100 辆车依次分别分成 10 段，每段 10 辆，各采 8 个子样并用随机方法决定每段采样的车辆。

二、子样位置的选择

按照学习活动 1 中的系统采样法或随机采样法之规定进行选择。

三、注意事项

汽车上采取商品煤样时，由于汽车容量较小，如果每车采取，会造成子样数目大大超出标准规定的子样数目，总样量增加，盛装容器数量增加，加大了搬运、输送的压力和后续制样工序的工作量。因此，可以按照子样分布均匀的原则隔车采样，但必须保证不少于整批的最少子样数目。

学习任务三　火车上采样

【学习目标】

（1）通过仔细阅读《商品煤样人工采取方法》（GB 475—2008），明确学习任务。

（2）根据《选煤厂安全规程》（AQ 1010—2005）和实际情况，合理制订工作（学习）计划

（3）正确认识火车上采样所使用的各种设备、工具及其功能。

（4）正确操作火车自动采样。

（5）独立完成火车上采样整个过程并填写试验报告单。

【建议课时】

4 课时。

【工作情景描述】

（1）接到来煤通知后，在组长的带领下、监督人员的现场监督下，认真核对来煤运输车辆编码、位置，确认无误后严格按照国家标准《商品煤样人工采取方法》（GB 475—2008）要求进行采样。

（2）严格执行"采到什么就是什么"的原则，严禁有选择性采样现象的发生。

（3）对于需要挖底的来煤，在挖底深度及数量上要达到要求。

学习活动 1　明确工作任务

【学习目标】

（1）通过仔细阅读采样安全规定，明确学习任务、课时分配等要求。

（2）准确在火车上分布子样点。

（3）正确理解商品煤样在火车上采取的要求、使用设备、操作工具及工作注意事项。

（4）独立完成在火车上采样的整个操作过程。

一、明确工作任务

在接到火车上采取商品煤样任务后，学生应明确子样数目和子样质量，进一步在火车上布置采样点。重点是熟悉火车自动采取商品煤样的方法。

二、相关的理论知识

1. 系统采样法

本法仅适用于每车采取子样相等的情况。将车厢分成若干个边长为 1~2 m 的小块并编上号（图 1-3），在每车子样数超过 2 个时，还要将相继的、数量与欲采子样数相等的号编成一组并编号。如每车采 3 个子样时，则将 1、2、3 号编为第一组，4、5、6 号编为第二组，依此类推。先用随机方法决定第一个车箱采样点位置或组位置，然后顺着与其相继的点或组的数字顺序，从后继的车箱中依次轮流采取子样。

1	4	7	10	13	16
2	5	8	11	14	17
3	6	9	12	15	18

图 1-3　火车采样子样分布示意图

2. 随机采样法

将车厢分成若干个边长为 1~2 m 的小块并编上号（一般为 15 块或 18 块，图 1-3 为18 块示例），然后以随机方法依次选择各车厢的采样点位置。

学习活动 2　工作前的准备

【学习目标】

（1）阅读《商品煤样人工采取方法》（GB 475—2008），明确学习任务，熟悉采样步骤及过程。

（2）根据煤种、用途、发运量等规定，掌握采样单元、最少子样数目和子样质量的确定。

（3）掌握商品煤样在火车上采取所使用的工具与注意事项。

（4）熟悉采样安全操作规定。

一、工具与设备

（1）手动采样操作工具。

① 采样器。开口尺寸应不小于被采煤样最大粒度 3 倍且不小于 30 mm（采样铲、接斗），器具的容量应能容纳一个子样的煤量，且不被试样充满，煤样不会从器具中溢出或泄漏。

② 采样铲由钢板制成，并配有足够长度的手柄。如进行其他粒度的煤采样可相应调整铲的尺寸，铲的底板头部可为尖形。

（2）自动采样操作工具。

二、材料与资料

《商品煤样人工采取方法》（GB 475—2008）。

学习活动3　现　场　操　作

【学习目标】

（1）熟练掌握本活动安全要求，并能按照安全要求进行操作。

（2）正确运用火车自动系统进行采样。

一、火车自动采样操作规程

1. 设备运行前检查

（1）合上采样机工作电源，打开电脑，运行采样监控程序。

（2）将手动/自动旋钮切换到手动状态。

（3）移动大、小车到便于检查的合适位置。

（4）将采样头下降或上升一次。

（5）在大、小车移动过程中，监控画面上采样头坐标应当变化，否则说明行走计数有故障，此时需要停止设备运行，通知检修。

（6）将手动/自动旋钮切换到自动状态，采样机自动复位，准备采样。

2. 自动采样操作

（1）在系统控制桌面上找到"采样监控"的图标，双击进入用户登录画面。

（2）在用户登录口中分别输入（或通过下拉选择）操作员的姓名和密码，按"取消"键退出；按"确定"键进入监控主画面。

（3）点击"制样启动"按钮，启动破碎、缩分制样系统。

（4）火车车皮在牵引机的牵引下运行到位并停稳后，将连锁/解锁切换到状，选择采样点数，点击"开始采样"，启动采样程序，此时允许牵车指示灯为红色。

（5）采样过程完成后，采样头自动运行到卸料斗后进行卸料，此时允许牵车指示灯为绿色，等待下一次采样指令。

（6）重复上述步骤（4）（5），即可完成整列车的采样。点击"制样停止"按钮，停止制样设备运行。

3. 手动采样操作

手动操作分两部分，每部分按钮都是自复位形式的（点动按钮），按钮按下时，设备运行；松开时，设备停止运行。操作启动顺序如下：

1）采样

（1）手动/自动旋钮：选择手动采样的方式。在自动方式时，不能进行手动操作。

（2）前进/后退操作杆：大车向前或向后运行，调节大车到合适位置。只有当夹轨器完全松开，采样头在最高点时，大车才能前进或后退。

（3）向左/向右操作杆：小车向左或向右运行。调节小车到合适位置。只有当采样头在最高点时，小车才能向左运行。

（4）采样：采样头向下运行，动力头正转。

（5）取样：采样头向上运行，动力头静止。

（6）卸样/接样：到料位置，动力头反转。

（7）采样过程完成，下一次采样重复上述（2）～（6）顺序。

2）制样

（1）手动/自动旋钮：选择手动制样方式。在自动方式时，不能进行手动操作。

（2）给料：给料输送带运行/停止。

（3）破碎：启动/停止破碎机的运行。

（4）缩分：启动/停止缩分机的运行。

（5）反击板：启动/停止反击板的运行。

（6）样料输送带（弃料输送带）：启动/停止样料输送带/弃料输送带的运行。

（7）分料圆盘：将集样分矿桶旋转到下一个工位。

（8）制样过程完成，下次制样重复上述（2）～（7）顺序。

（9）急停按钮：停止采样部分、制样部分所有电动机的运行。

二、注意事项

（1）操作人员操作前检查电气柜开关接触器是否完好无损、接触良好，否则应及时通知处理。

（2）检查除铁器有无杂物，样品桶是否有余煤，否则需清理干净。

（3）通电前先将工作方式旋钮旋到手动位置，防止通电时设备突然启动造成意外。

（4）火车车皮在牵引机的牵引下运行到位并停稳后，将连锁/解锁旋钮切换到连锁状态，锁定牵引机，防止牵引机启动造成采样机损坏。

（5）采样过程中，应观察火车车厢的状态，正常时，火车车厢始终处于静止状态；采样过程中，如发现火车车厢移动，应立即将手动/自动旋钮切换到手动，并按住取样操纵杆，迅速提升采样头；也可按下紧急停止按钮，等待进一步处理。

（6）在采样过程中需注意输送带的跑偏情况，如出现跑偏应停止系统运行，并及时通知进行处理。

（7）每天应对采样头注油一次，观察各设备上的减速机的油标油位情况，如缺油应及时注入润滑油。

（8）在采样过程中需注意环锤式破碎机出料通道是否有物料堆积，如有物料堆积应停止系统运行，并及时通知进行清理。

（9）在采样过程中放置样品桶时，样品桶盖须向上推移开，将样品桶放置到位，桶盖落下以便密封，防止水分损失。

（10）采样完成后应将小车开至制样间上方，以免阻碍火车机车通过。

（11）采样过程完成后应让破碎机、缩分圆盘、输送带继续工作 2～3 min，以便清理干净余煤。

（12）操作人员操作完毕应将连锁/解锁旋钮切换到解锁状态，并按下急停。

（13）操作系统应使用正确的启动、退出方式，不要强制退出，以免破坏程序文件；对系统文件和数据库的资料应定期进行备份。监控系统运行时，尽量不要开启其他的应用程序，避免造成系统资源的冲突。

（14）操作人员在采样过程中，严禁闲谈，注意力要集中，出现异常情况及时处理。

（15）无关人员严禁进入操作室及采样区，交接班时在交接班本上必须填写清楚设备运行情况。

（16）设备在任何时候检查或检修均应在断电情况下进行，以免误动造成意外事故。

学习任务四　煤堆上采样

【学习目标】

（1）通过仔细阅读《商品煤样人工采取方法》（GB 475—2008），明确学习任务。

（2）根据《选煤厂安全规程》（AQ 1010—2005）实际情况，合理制订工作（学习）计划。

（3）正确认识煤堆上采样所使用的各种设备、工具及其功能。

（4）正确操作采样工具。

（5）独立完成煤堆上采样整个过程并填写试验报告单。

【建议课时】

4 课时。

【工作情景描述】

（1）在煤矿和煤炭转运港口的贮煤场中，由于调配和运输量的关系，常有大量煤炭不能及时运出，需要贮存一定时间，在贮存期间，这些煤炭受氧化及其他自然因素的影响，煤质常会发生一定变化。这种贮存时间较久的煤在发运给用户之前，必须采取煤样进行化验，以检查其质量。

（2）接到任务后，在组长的带领下、监督人员的现场监督下，认真核对煤样，编码、位置，确认无误后严格按照国家标准《商品煤样人工采取方法》（GB 475—2008）要求进行采样。

（3）严格执行"采到什么就是什么"的原则，严禁有选择性采样现象的发生。

（4）煤堆上一般不采取仲裁煤样和出口煤样，从煤堆上采取商品煤样的较好方法是在发运煤炭时从运煤输送带上采取商品煤样或堆堆（卸堆）的过程中或在迁移煤堆过程中采取。但煤炭在装船出口前，须在贮煤场的煤堆上采样，以了解煤炭的质量。

学习活动1　明确工作任务

【学习目标】

（1）通过仔细阅读采样安全规定，明确学习任务、课时分配等要求。

（2）准确在煤堆上分布子样点。

（3）正确理解商品煤样在煤堆上采取的要求、使用设备、操作工具及工作注意事项。

（4）独立完成在煤堆上采样的整个操作过程。

一、明确工作任务

在接到煤堆上采取商品煤样任务后，学生应明确子样数目和子样质量的确定，进一步在煤堆上布置采样点。重点是商品煤样煤堆上采样的方法。

二、相关的理论知识

煤堆上采样，1000 t 煤量的最少子样数目根据表 1-2～表 1-4 规定确定，子样质量通过计算得出。

一般不直接在煤堆上进行，而是在堆堆或卸堆过程中，或在其迁移过程中于下列地点采取子样：输送带输送煤流上、堆（卸）堆过程中的各层新表面上、小型转运工具和汽车上、斗式装载机刚卸下的煤上以及刚卸下、未与主堆合并的小煤堆上。不能直接从高度超过 2 m 的大煤堆上采样，如果必须从大煤堆采样，则子样可以从全煤层、深部和表面采取，不能直接从静止煤堆上采取仲裁煤样，但其结果可能有较大偏倚，精密度也会较差，结果也只能作为一个品质指导。

学习活动 2 工 作 前 的 准 备

【学习目标】

（1）阅读《商品煤样人工采取方法》（GB 475—2008），明确学习任务、熟悉采样步骤，过程。

（2）根据煤种、用途、发运量等条件，掌握采样单元、最少子样数目和子样质量的确定。

（3）掌握商品煤样在煤堆上采取所使用工具与注意事项。

（4）熟悉采样安全操作规定。

一、工具与设备

（1）探针、螺杆钻取器和铲子。

（2）采样器。开口尺寸应不小于被采煤样标称最大粒度 3 倍且不小于 30 mm（采样铲、接斗），器具的容量应能容纳一个子样的煤量，且不被试样充满，煤样不会从器具中溢出或泄漏。

二、材料与资料

《商品煤样人工采取方法》（GB 475—2008）。

学习活动 3 现 场 操 作

【学习目标】

（1）熟练掌握本活动安全要求，并能按照安全要求进行操作。

（2）正确使用采样铲。

一、采样方法

（1）在堆卸新工作面和刚形成的小煤堆中采样：根据工作面和煤堆的形状及大小，将其表面划分成若干区，再将各区划分成若干面积相等的小块（底部小块距地面 0.5 m），然后用系统采样法或随机采样法决定采样区和各区采样点的位置，并从每一小块采 1 个全深度（深部或表面）子样。

（2）旧煤堆采样：同上方法划分区和小块，再用系统或随机采样法决定采样各区采样点，并从每一个小块用探管或螺杆采取 1 个深部子样。采样前应先除去 0.2 m 的表面层。

（3）在斗式装载机卸下的煤中采样：将煤卸在干净表面上，然后按上述第一种方法采取子样。需注意：采样是在煤炭装卸现场进行，必须与装卸操作协调、密切配合，特别注意安全（图1-4）。

图1-4　煤堆采样现场

二、注意事项

由于煤量大、煤堆高、斜面坡度大，且表面煤炭干燥，煤炭颗粒间摩擦系数减小，因此在煤堆斜面上用铁铲剥去 0.2 m 表面层后，上面的表面层就会立刻滑落下去把坑填满。这时，应将铁锹插入相应的深度后，向上平稳端起，在向上端锹的过程中，表面层的煤炭会自然流落下去，铁锹中保留的煤炭即为深部的煤炭。

模块二 煤层煤样的采取

按规定在采掘工作面、探巷或坑道中从一个煤层采取的煤样叫作煤层煤样。煤层煤样分为煤层分层煤样和煤层可采煤样两种。分层煤样和可采煤样应同时采取。煤层煤样是代表该煤层的性质、特征和确定该煤层的开采及其使用价值的煤样。煤层煤样的分析试验结果，既是煤质资料汇编的重要内容，又是生产矿井编制毛煤质量计划和提高产煤质量的重要依据。对煤层煤样来说，其采样的基本原则只有一条，即要求从煤层中采出的煤样必须能充分代表煤层的主要性质，其中最重要的是所采出的煤样必须代表煤层的灰分、硫分、发热量、挥发分、水分和黏结性（包括结焦性）等主要煤质指标的平均值，从而为评价该煤层的经济价值及其合理利用途径提供重要的技术依据。

由于不同煤层在井下赋存的地质条件不同和在不同地段的煤层厚度及其岩性结构等的变化不一，因而要取出真正具有代表性的煤层煤样则必须根据煤层条件的不同而加强采样点的密度，特别是一些厚度达几十米或 100～200 m 且其中夹矸层又多的特厚煤层，要采取其具有代表性的全煤层煤样就非常困难，根据煤层柱状的结构可按不同工作面的层位用各分层相衔接的办法进行采样，最后用加权平均法求出全煤层的平均煤质分析指标。

在采煤层采样时，以在新鲜的掘进工作面采取的煤层煤样最能代表该煤层的性质，因为它能正确指导今后该生产煤层的各种燃烧、气化及炼焦等的基本特性，而在采煤工作面采样时也应尽量在即将回采前的一段时间进行采样（但必须刨去其表面的氧化层，且越是年轻的煤，应刨去的表面层也越多），以便及时了解即将回采的采煤层的灰分、硫分和发热量等主要质量指标的变化，从而为煤矿生产和营销提供可靠的技术参数。

尽管煤层煤样的采取方法有很多，但其基本要求是不管其煤层厚度的大小或结构的复杂与简单，总的原则是要求所采出的煤样具有代表性。为了达到这一目的，要求对每一煤层必须采取足够数量的煤样，一般需要 100 kg 以上的煤样才具有较好的代表性。把采出的煤层煤样经过破碎缩分成分析煤样。至于对一些地质条件及结构较复杂的煤层，在采取煤层煤样时应根据煤层结构的变化情况适当增加采样点的密度，对一些煤层厚度较稳定而结构又简单的煤层则可根据肉眼观测情况而适当加大各采样点之间的距离，但在采样时要着重注意避开煤层的断层带，因为断层带煤层受接触变化的影响而常使该处煤层的变质程度加深，同时因断层带的范围很小而不具有代表性，但如果需要时则也可在断层带单独采样，并加以说明。

学习任务一 煤层分层煤样的采取

【学习目标】

（1）通过仔细阅读《煤层煤样采取方法》（GB/T 482—2008），明确学习任务。

（2）根据采样现场安全操作流程和实际情况，合理制订工作（学习）计划。

（3）正确指导生产实际操作，控制生产指标，及时了解生产状况，为选煤生产操作提供依据。

【建议课时】

4 课时。

【工作情景描述】

（1）正常工作时间，接到通知后，在组长的带领下、监督人员的现场监督下，认真核对位置，确认无误后严格按照《煤层煤样采取方法》（GB/T 482—2008）要求进行采样。

（2）严格执行"采到什么就是什么"的原则，严禁有选择性采样现象的发生。

学 习 活 动 1　明 确 工 作 任 务

【学习目标】

（1）通过仔细阅读《选煤厂安全规程》（AQ 1010—2005），明确学习任务、课时分配等要求。

（2）明确采取煤层分层煤样的目的和方法。

（3）正确掌握采取煤层分层煤样的总则。

（4）正确掌握煤层分层煤样的采取方法。

（5）独立完成煤层分层煤样采取的整个操作过程。

一、明确工作任务

在接到煤层分层煤样的采取任务后，学生应明确采取煤层分层煤样的目的和用途，进一步确定采样方法。重点是煤层分层煤样的采取方法。

二、相关的理论知识

1. 采取煤层分层煤样的目的和方法

采取分层煤样的目的在于鉴定各煤层分层和夹石层的性质及核对可采煤样的代表性。

分层煤样从煤和夹石的每一自然分层分别采取。当夹石层厚度大于 0.03 m 时，作为自然分层采取。

2. 采样要求

煤层煤样应在矿井掘进巷道中和采煤工作面上采取及地质构造正常的地点采取，但如果地质构造对煤层破坏范围很大而又应采样时，也应进行采样。分层煤样和可采煤样应同时采取。在采样前，应剥去煤层表面氧化层。煤层煤样由煤质管理部门负责采取，具体采样地点须按《煤层煤样采取方法》（GB/T 482—2008）规定，如遇特殊情况可和地质部门共同确定。采样工作应严格遵守《煤矿安全规程》，确保人身安全。

3. 采样间隔

对主要巷道的掘进工作面，每前进 100～500 m 至少采取一个煤层煤样；对采煤工作面每季至少采取一次煤层煤样，采取数目按采煤工作面长度确定：小于 100 m 的采 1 个，100～200 m 的采 2 个，200 m 以上的采 3 个。如煤层结构复杂、煤质变化很大时，应适当增采煤层煤样。每年做全分析供"煤质资料汇编"所需的煤层煤样（每一煤层不得少于两个），即上、下半年各采取一个煤层样，对煤质变化较大的煤层以每季度采取一个全分析煤样为宜。

学习活动 2　工作前的准备

【学习目标】

（1）通过仔细阅读《煤层煤样采取方法》（GB/T 482—2008）。明确学习任务、熟悉采样步骤及过程。

（2）掌握煤层煤样采取所使用的工具及目的和用途。

（3）熟悉采样安全操作规定。

一、工具与设备

采样铲、量尺、记录表、笔、采样袋、铺布。

二、材料与资料

《煤层煤样采取方法》（GB/T 482—2008）。

学习活动 3　现　场　操　作

【学习目标】

（1）熟练掌握本活动安全要求，并能按照安全要求进行操作。

（2）正确应用煤层分层煤样的采取方法。

一、采取煤层分层煤样准备工作

首先剥去煤层表面氧化层，并仔细平整煤层表面，平整后的表面应垂直顶、底板，然后在平整过的煤层表面，由顶到底划四条垂直顶、底板的直线。当煤层厚度大于或等于1.30 m时，直线之间的距离为0.10 m；当煤层厚度小于1.30 m时，直线之间的距离为0.15 m。若煤层松软，第2条、第3条直线的距离可适当放宽，在第1条、第2条直线之间采取分层煤样，在第3条、第4条直线之间采取可采煤样，刻槽深度均为0.05 m。

二、煤层分层煤样的采取方法

在按准备工作划的第1条、第2条直线之间，标出煤和夹石层的各个自然分层，量出各个自然分层的厚度和总厚度，并核实。然后，详细记录各个自然分层的岩性类别、厚度及其他与煤层有关事项。

在采样地点的底板铺上一块适当的垫布（帆布或其他防水布），使采下来的煤样都能落在垫布上。自上而下，按自然分层次序分别采取。采下来一个自然分层后应全部装入口袋内，贴上代表该分层的标签后再将口袋扎紧。垫布清理干净就可以再采下一个自然分层，直到采完为止。

每个装样口袋均须附有不易磨损、不易污染和防水的标签，在标签上写明煤层煤样报告表的编号、分层煤样的符号和分层的顺序号。例如，"1—分—2"表示第一号煤样的第二分层。

采完煤层煤样后应立即送到制样室，按煤样制作方法制成煤层煤样。

三、煤层分层煤样的加权平均灰分

分层煤样应按煤的真密度测定每一分层的真密度，并按煤的工业分析方法测定其灰分。根据测定结果，计算分层样、开采部分各分层样和分层煤样的加权平均灰分。其计算公式如下：

$$\overline{A}_d = \frac{A_{d1} \times t_1 \times TRD_1 + A_{d2} \times t_2 \times TRD_2 + \cdots + A_{dn} \times t_n \times TRD_n}{t_1 \times TRD_1 + t_2 \times TRD_2 + \cdots + t_n \times TRD_n}$$

式中　　　　　$\overline{A}_d$——分层煤样加权平均灰分（干燥基）,% ;

　　　A_{d1}、A_{d2}、$\cdots$、A_{dn}——第1、2、$\cdots$、n个煤层或夹石层的干基分质量分数,% ;

　　　　t_1、t_2、$\cdots$、t_n——第1、2、$\cdots$、n个煤层或夹石层的厚度, m ;

　TRD_1、TRD_2、$\cdots$、TRD_n——第1、2、$\cdots$、n个煤层或夹石层的真相对密度。

四、煤层分层煤样的化验

（1）分层煤样应进行水分、灰分和相对密度的测定。每个煤层每年至少选两个代表性的煤层煤样根据需要按《煤样的制备方法》（GB/T 474—2008）规定制原煤和浮煤试样，并做相关项目分析。浮煤试样为按《煤样的制备方法》（GB/T 474—2008）规定进行煤样减灰后的试样。

（2）厚度的测量及灰分、真相对密度的测定结果取小数点后两位。

五、煤层煤样报告

煤层煤样报告表见表2-1。

表2-1　煤层煤样报告表

第　　号	采样日期　年　月　日
	填表日期　年　月　日

1. _____集团公司_____矿_____井_____层

2. 采样地点：

3. 工作面情况（顶板、底板和出水情况）：

4. 煤层厚度与灰分（按分层煤样计算）：

（1）煤层总厚度_____m, 灰分A_d_____% ;

（2）开采部分厚度_____m, 灰分A_d_____% ;

（3）煤分层厚度_____m, 灰分A_d_____% 。

5. 可采煤样的编号：　　×可　　×　　×

学习任务二　煤层可采煤样的采取

【学习目标】

（1）通过仔细阅读《煤层煤样采取方法》（GB/T 482—2008），明确学习任务。

（2）根据《选煤厂安全规程》（AQ 1010—2005）和实际情况，合理制订工作（学习）计划。

（3）规范完成煤层可采煤样的采样任务。

【建议课时】

4 课时。

【工作情景描述】

（1）正常工作时间，接到通知后，在组长的带领下、监督人员的现场监督下，认真核对位置，确认无误后严格按照《煤层煤样采取方法》（GB/T 482—2008）要求进行采样。

（2）严格执行"采到什么就是什么"的原则，严禁有选择性采样现象的发生。

学习活动1　明确工作任务

【学习目标】

（1）通过仔细阅读采样安全操作规定，明确学习任务、课时分配等要求。

（2）明确采取煤层可采煤样的目的和用途。

（3）正确掌握采取煤层可采煤样的总则。

（4）正确掌握煤层可采煤样的采取方法。

（5）独立完成煤层可采煤样采取的整个操作过程。

一、明确工作任务

在接到煤层可采煤样的采取任务后，学生应明确采取煤层可采煤样的目的和用途，进一步确定采样方法。重点是煤层可采煤样的采取方法。

二、相关的理论知识

采取煤层可采煤样的目的和用途。采取可采煤样的目的在于确定应开采的全部煤层分层及夹石层的平均性质。可采煤样采取范围包括应开采的全部煤层分层和厚度小于 0.30 m 的夹石层；对于分层开采的厚煤层，则按分层开采厚度采取。厚度不小于 0.30 m 的夹石层，应单独采取；若生产时不能单独开采，可按实际情况采取可采煤样，但应在报告中明确说明。

学习活动2　工作前的准备

【学习目标】

（1）阅读《煤层煤样采取方法》（GB/T 482—2008），熟悉采样步骤及过程。

（2）掌握煤层可采煤样采取所使用的工具及目的和用途。

（3）熟悉采样安全操作规定。

一、工具与设备

采样铲、量尺、记录表、笔、采样袋、铺布。

二、材料与资料

《煤层煤样采取方法》（GB/T 482—2008）。

学习活动3　现　场　操　作

【学习目标】

（1）熟练掌握本活动安全要求，并能按照安全要求进行操作。

（2）正确应用煤层可采煤样的采取方法。

一、煤层可采煤样的采取方法

采取可采煤样时，先按规定铺好垫布，再将开采时应采的煤分层及夹石层自上而下一起采取，并把所采煤样装入口袋。若在开采时某夹石层单独除去，则应先采取该夹石层以上的煤层，并将采取的煤样装入口袋。去掉该夹石层后，再继续采取下面的煤层，将采取的煤样装入同一口袋内。同样，在装有可采煤样的口袋内，应装入不易磨损、不易污染和防潮的标签，标签上写明煤层煤样报告表的编号、可采煤样的符号和采取的分层顺序号。例如，"1—可—1、2、3、…"表示第一号煤层煤样报告表的可采煤样，包括1、2、3…分层。

二、可采煤样代表性核对

按《煤层煤样采取方法》（GB/T 212—2008）测定可采煤样的水分和灰分。比较应开采部分分层煤样的加权平均灰分与可采煤样的灰分，若它们之间的相对差值 Δ 不超过10%，可采煤样的代表性符合要求；否则，可采煤样缺乏，应废弃，重新采取。相对差值 Δ（%）按式（2−1）计算：

$$\Delta = \frac{\overline{A}_{d,\text{开}} - A_{d,\text{可}}}{\dfrac{\overline{A}_{d,\text{开}} + A_{d,\text{可}}}{2}} \times 100\% \qquad (2-1)$$

式中　$\overline{A}_{d,\text{开}}$——应开采部分分层煤样的干燥基加权平均灰分质量分数，%；

　　　$A_{d,\text{可}}$——可采煤样的干燥基灰分质量分数，%。

三、煤层可采煤样的化验

（1）测定全水分用的煤样，可从采取的可采煤样中按煤样缩制方法缩制，并装入严密的容器中。

（2）在矿煤样应测定可采煤样全水分、灰分、挥发分，有条件的可加测全硫、发热量。掘进巷道每年每个煤层至少选采两个有代表性的煤样送矿务局中心化验室做全分析。

炼焦煤（烟煤）要按煤炭分类方案中规定的重液进行减灰，所得精煤应测定水分、灰分、挥发分、全硫、发热量、元素分析及煤炭分类方案所规定的结焦性指标，其他工业用煤的具体项目可根据需要增加。

（3）采取煤层可采煤样应按表 2 - 1 的格式填写煤层可采煤样报告表。

（4）根据采样实测的各煤分层夹石层的厚度，绘制整个煤层的柱状图（包括伪顶、伪底的厚度）。

四、煤层煤样报告

见表 2 - 1 煤层煤样报告表。

模块三 生产煤样的采取

能代表煤矿在正常生产条件下所采出的煤炭的物理性质和化学性质的煤样称为生产煤样。通常是分煤层采取生产煤样。

生产煤样可按其采样目的的不同而分为以下 3 种：

（1）为了控制采煤工作面所采的煤炭质量指标和制定工作面质量指标而采取的生产煤样。

（2）为了说明供给选煤厂生产等级煤的原煤质量情况，以及为了编制筛分产品的数、质量指标而采取的生产煤样。

（3）为了说明选煤厂入选原料煤的质量情况，以及为了编制选煤厂产品的数、质量指标而采取的生产煤样。

学习任务一 选煤厂生产煤样的采取

【学习目标】

（1）通过仔细阅读《生产煤样采取方法》（MT/T 1034—2006），明确学习任务。

（2）根据《选煤厂安全规程》（AQ 1010—2005）和实际情况，合理制订工作（学习）计划。

（3）按规程完成生产煤样的采取任务。

【建议课时】

4 课时。

【工作情景描述】

（1）正常工作时间，接到通知后，在组长的带领下、监督人员的现场监督下，认真核对位置，确认无误后严格按照《生产煤样采取方法》（MT/T 1034—2006）要求进行采样。

（2）严格执行"采到什么就是什么"的原则，严禁有选择性采样现象的发生。

学习活动 1 明确工作任务

【学习目标】

（1）通过仔细阅读采样安全规定，明确学习任务、课时分配等要求。

（2）正确确定生产煤样采样间隔时间和子样质量。

（3）正确理解生产煤样采取的要求、使用设备、操作工具及工作注意事项。

（4）独立完成生产煤样采取的整个操作过程。

一、明确工作任务

在接到生产煤样的采取任务后，学生应明确生产煤样采样间隔时间和子样质量，进一步布置采样点及确定采样方法。重点是生产煤样的采取方法。

二、相关的理论知识

生产煤样可做筛分试验，以确定各粒度级煤的数量及质量；生产煤样还可根据采样目的的不同而做浮沉试验，以确定该煤层的可选性（非炼焦用煤，特别是褐煤、长焰煤和不黏煤等一般不做浮沉试验）。

有时为了确定煤焦用煤在工业中的结焦性能，也需要采取生产煤样 200 kg 小焦炉试验或其他有关的大型试验。

1. 生产煤样采样间隔时间和子样质量

生产煤样在开车上煤 5 ~ 10 min 后采取。采样最大时间间隔和子样最小质量或体积见表 3 – 1。

表 3 – 1　生产煤样采样最大时间间隔和子样最小质量或体积

煤 样 名 称	采样最大时间间隔/min	子样最小质量或体积
入洗原料煤	20	4 kg
精煤	20	2 kg
中煤、洗混煤	30	4 kg
矸石	30	4 kg
浮选精煤	30	1 kg
浮选入料、尾煤	30	1L
洗水	120	1L
煤泥回收筛精煤	20	2 kg
粒级煤	30	2 ~ 5 kg

注：当生产时间不足 1 h 时，采样次数一般不得少于 3 次。

2. 采样前必须做好的各项工作

（1）仔细清除前一班遗留在底板上的煤矸石和其他杂物。

（2）按照采煤作业规程进行采煤，特别要遵守打眼、爆破和支架说明书的规定。

（3）按规定的井下拣矸制度和拣矸人数进行工作。

（4）生产煤样每年采取一次（即采取周期为一年）。对生产期不足 3 个月的采煤工作面，可不采取生产煤样。

（5）生产煤样的子样个数不得少于 30 个，子样质量不得少于 90 kg。每次过磅的煤样质量，不得少于增铊磅秤最大称量 1/5。磅秤最大称量为 500 kg、感量为 0.2 kg。

（6）生产煤样应在确定采样点的输送机煤流中采取，在输送机煤流中采取生产煤样时，应截取煤流全断面的煤作为一个子样，采出的煤样应单独装运。对采样点没有输送机的生产矿井，可根据《生产煤样采取方法》（MT/T 1034—2006）的规定，采用其他方法采样，但需要在报告中注明。

（7）生产煤样不得在火车、贮煤场、煤仓或船内采取，也不得在煤车内挖取。

（8）同一矿井的同一煤层各采煤工作面的煤层性质、结构、贮存条件和采煤方法基本相同时，选择一个采煤工作面采取生产煤样。如果差别较大时，生产煤样应在不同采煤工作面分别采取。

（9）生产煤样的采取、运输和存放时，应谨慎小心，避免煤样破碎、污染、日晒、雨淋和损失。

（10）生产煤样放置时间不得超过 3 d。对于易风化的煤放置时间应尽量缩短。

（11）生产煤样采取后，应立即填写报告表。

学习活动 2　工作前的准备

【学习目标】

（1）阅读《生产煤样采取方法》（MT/T 1034—2006），明确学习任务、熟悉采样步骤及过程。

（2）掌握选煤厂生产检查煤样的采取所使用工具与注意事项。

（3）熟悉采样安全操作规定。

（4）掌握选煤厂生产检查煤样的采取点及采样方法。

一、工具与设备

采样铲、垫布或铁皮、煤样袋、手锤、称量工具、50 mm 孔径的圆孔筛、25 mm 和 13 mm 孔径的圆孔筛或方孔筛。

二、材料与资料

《生产煤样采取方法》（MT/T 1034—2006）。

学习活动 3　现　场　操　作

【学习目标】

（1）熟练掌握本活动安全要求，并能按照安全要求进行操作。

（2）正确使用采样器。

一、采样点及采样方法

（1）煤流中采样：于移动煤流下落处采取，可根据煤的流量和煤流宽度，应尽量截取完整煤流横截断作为子样。试样还应尽可能从流速和负荷都较均匀的煤流中采取，尽量避免煤流的负荷和品质变化周期与采样器的运行周期重合，以免导致采样偏倚。

在移动煤流中人工铲取煤样时，输送带的移动速度不能太大（一般不超过 1.6 m/s），并且要保证安全。

（2）在斗子提升机内采取煤样：应在斗子卸料的出口处或出口溜槽底开口采样，采样口的宽度应保证能采到煤流的全断面。

（3）选煤机溢流口采样：采样在煤流全断面分左、中、右顺序进行。采样时采样器底部紧压流堰，以接取溢流层的全高，溢流装满采样器后迅速提起，使已采取煤样不被水冲出，等水通过网底后，将试样倒入煤样桶中。

（4）煤泥水样采取：于煤泥水流由高向低（或设堰）的流出口处采样，采样时应截取水流全宽或沿水流的全宽以均匀的间隔采取。

二、注意事项

生产煤样的采取时间必须以一个循环班为单位，所取的车数或分样个数应按比例分配到每一个工作班中，然后再在每一个工作班中按产量平均分配。

从采样到做完筛分试验的时间不宜超过 15 d，易风化的煤应适当地缩短时间。采取生产煤样后，应填写采取生产煤样报告表（表 3-2）。

表 3-2　采取生产煤样报告表

煤层煤样编号_____　　　　　　　　　　填表日期____年____月____日
生产煤样编号_____　　　　　　　　　　采样日期____年____月____日
1. _____集团公司_____矿_____井_____层
2. 本煤层年产量占全矿（井）年产量的百分数：_____
3. 采样地点：_____水平_____翼_____采区_____工作面
4. 采样方法：_____
5. 煤样的总重量_____kg；子样个数：_____
6. 煤层倾角和走向：_____
7. 煤层厚度和开采厚度：_____
8. 采煤方法：_____
9. 井下运输情况：_____
10. 井下工作面支护情况和顶板控制情况：_____
11. 井下拣矸情况：_____
12. 煤质检查部门负责人：_____采样人：_____

学习任务二　矿井生产检查煤样的采取

【学习目标】

（1）通过仔细阅读《矿井生产检查煤样采取方法》（MT/T 621—2006），明确学习任务。

（2）根据《选煤厂安全规程》（AQ 1010—2005）和实际情况，合理制订工作（学习）计划。

（3）规范完成矿井生产煤样的采样任务。

【建议课时】

4 课时。

【工作情景描述】

（1）正常工作时间，接到通知后，在组长的带领下、监督人员的现场监督下，认真核对位置，确认无误后严格按照《矿井生产检查煤样采取方法》（MT/T 621—2006）要求进行采样。

（2）严格执行"采到什么就是什么"的原则，严禁有选择性采样现象的发生。

学 习 活 动 1　明 确 工 作 任 务

【学习目标】

（1）通过仔细阅读采样安全规定，明确学习任务、课时分配等要求。

（2）正确确定采样时间、子样数目和子样质量。

（3）正确理解矿井生产检查煤样采取的要求、使用设备、操作工具及工作注意事项。

（4）独立完成矿井生产检查煤样采取的整个操作过程。

一、明确工作任务

在接到矿井生产检查煤样的采取任务后，学生应明确生产检查煤样采样间隔时间、子样数目和子样质量，进一步确定采样地点和采样步骤。重点是矿井生产检查煤样的采取步骤。

二、相关的理论知识

为了加强矿井煤质管理，及时了解矿井采掘工作面的毛煤质量，应及时采取矿井生产检查煤样，以其测试结果作为矿井毛煤质量管理的依据和矿井生产管理的基础。

1. 采样周期、采样单元、子样数目和子样质量

（1）采样周期。工作面按作业规程正常推进时，采煤工作面至少每 5 d 内采取一次，掘进工作面至少每 10 d 采取一次。对产量较大的工作面，或遇煤层赋存条件变化较大时，可适当增加采样频次。

（2）采样单元。以 1 个班的计划产量为 1 个采样单元，也可以 1 个生产循环或 1 个循环班的计划产量为 1 个采样单元。

（3）子样数目和子样质量。最小子样质量为 5 kg，最少子样数目根据采样单元质量的大小和毛煤计划灰分来确定，见表 3 - 3。

2. 采样地点

由于井下的情况比较复杂，采样地点的确立至关重要，因此应根据各生产单位的实际情况，在支护及通风完成、无淋水、底板平整、操作安全方便、采样有代表性的条件下，可选择一些地点进行采样操作：对于有独立工作面出煤系统、并能用矿车将煤拉出地面的矿井，生产检查煤样可在地面矿车中采取。对于没有单独出煤系统，且与其他几个工作面共用一个系统的，生产检查煤样可选在靠近工作面第一个刮板输送机或带式输送机上采取。

表3-3 每1个采样单元的最少子样数目

采样单元的计划质量/t	毛煤计划灰分(A_d)/%	最少子样数目/个
>500	>20	40
	≤20	30
300~500	>20	30
	≤20	20
≤300	—	20

学习活动2 工作前的准备

【学习目标】

（1）阅读《矿井生产检查煤样采取方法》（MT/T 621—2006），明确学习任务、熟悉采样步骤及过程。

（2）掌握矿井生产检查煤样的采取所使用工具与采样时间、采样数目和子样质量的确定。

（3）熟悉采样安全操作规定。

（4）掌握矿井生产检查煤样的采取地点及采取步骤。

一、工具与设备

采样铲、垫布或铁皮、煤样袋、手锤、称量工具、50 mm 孔径的圆孔筛、25 mm 和 13 mm 孔径的圆孔筛或方孔筛。

二、材料与资料

《矿井生产检查煤样采取方法》（MT/T 621—2006）。

学习活动3 现 场 操 作

【学习目标】

（1）熟练掌握本活动安全要求，并能按照安全要求进行操作。

（2）熟练操作，采样方法正确规范。

一、采样方法

在运煤矿车上采样时，按图3-1所示，沿斜线方向在1、2、3的位置上按3点循环采取1个子样。始末两点应位于距车角0.3 m处，另一点为两点的中心。

随机选取一个运煤矿车采取第一个子样，以后的子样按公式（3-1）计算的运煤矿车的间隔

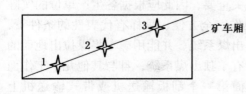

图3-1 矿车采样点布置图

数进行采样。

$$M \leqslant \frac{N}{n} \tag{3-1}$$

式中　M——运煤矿车的间隔数，个；

　　　N——1 个采样单元的总运煤矿车数，个；

　　　n——子样数目，个。

二、煤流中采样

在煤流中采样时，可根据煤的流量和输送带宽度，以 1 次或分 2~3 次用接斗或铲横截煤流的全断面采取 1 个子样。分 2~3 次截取时，按左、右或左、中、右的顺序进行，采样部位不能交错重复。用铲取样时，铲子只能在煤流中穿过 1 次，即只能在进入或撤出煤流时取样，不能进、出都取样。在移动煤流中铲取煤样时，应保证安全。

在移动煤流中采样按时间基采样或质量基采样进行，时间或质量间隔按式（1-3）或式（1-4）计算。

模块四 煤样的破碎

根据采样的要求，对一个采样单元的煤来说，所采的原始煤样一般为数十至数百公斤，故必须对原始煤样加以缩制，以获得能够代表其组成与特性的分析煤样。

一、制样的含义和特点

1. 制样的含义

对所采集的具有代表性的原始煤样，按照标准规定的程序与要求，对其反复应用筛分、破碎、掺和、缩分操作，以逐步减小煤样的粒度和数量，使得最终所缩制的试样能代表原始煤样的平均质量，这一过程就称为制样。

2. 制样的特点

煤样的制备历经很多环节，中国制样标准的方法是按照粒度不同实行分级制样，而各粒度级之间又相互联系、密不可分，任何一个环节出现问题都将影响制样质量。

按标准要求采取人工制样的方法程序复杂、劳动强度大、制样效率低，所以，制样的发展方向是实现机械化、自动化。

二、相关概念

（1）制样：使煤样达到分析或试验状态的过程（试样制备包括破碎、混合、缩分，有时还包括筛分和空气干燥，它可分成几个阶段进行）。

（2）试样缩分：将试样分成有代表性、分离的部分的制样过程。

（3）定质量缩分：保留的试样质量一定，并与被缩分试样质量无关的缩分方法

（4）定比缩分：以一定的缩分比，即保留的试样量和被缩分的试样量成一定比例的缩分方法。

（5）切割样：初级采样器或试样缩分器切取的子样。

（6）切割器：切取子样的设备。

（7）试样破碎：用破碎或研磨的方法减小试样粒度的制样过程。

（8）空气干燥：使试样的水分与其破碎或缩分区域的大气达到接近平衡的过程。

（9）空气干燥状态：煤样在空气中连续干燥 1 h 后，其质量的变化不超过 0.1% 时，煤样即可达到空气干燥状态。

三、制样总则

（1）制样的目的是将采集的煤样，经过破碎、筛分和缩分等程序制备成能代表原始煤样的分析（试验）用煤样。制样方案的设计，以获得足够小的制样方差和不过大的留样量为准。

（2）煤样制备和分析的总精密度为 $0.05A^2$ 且无系统偏差。A 为采样、制样和分析的总精密度，见表 1-1。

（3）在下列情况下需要按规定检验煤样制备的精密度：

① 首次采用或改变制样程序时；

② 新的缩分机和制样程序投入使用时；

③ 对制备精密度产生怀疑时；

④ 其他认为须检验制样精密度时。

（4）制样就是按照规定的程序减小煤样粒度和数量，其目的是为了从大量的样品中缩制出能代表原物料物理、化学性质的各种用途的煤样。煤样的制备即可一次完成，也可分几部分完成，但每部分都应按同一比例缩分出煤样，再将各部分煤样合起来作为一个煤样。

（5）每次破碎、缩分前后，机器和用具都要清扫干净。制样人员在制备煤样的过程中应穿专用鞋，以免污染煤样。对不易清扫的密封破碎机（如锤式破碎机）和联合破碎缩分机，只用于处理单一品种的大量煤样时，处理每个煤样之前，可用该煤样"冲洗"机器，弃去"冲洗"煤后再处理煤样，处理完之后，应反复开、停机器几次，以排净滞留煤样。

（6）制样人员应保证在制样过程中不破坏煤样的代表性。

四、设施、设备和工具

1. 设施

制样室（图 4-1）应宽敞明亮，包括制样、存样、干燥、浮选等区域，不受风雨及外来灰尘的影响（要有除尘设备并及时除尘），制样室应为水泥地面。堆掺缩分区还需要在水泥地面上铺以厚度 6 mm 以上的钢板。存储煤样的房间不应有热源，不受强光照射，无任何化学药品（图 4-1）。

图 4-1 制样室

2. 设备和工具

制样设备主要包括常用的破碎机、粉碎机、缩分机、振动筛及破碎缩分联合制样机。破碎设备可用于机械制样，以减轻工人的劳动强度，提高制样工作效率。

（1）破碎机：颚式破碎机（图4-2）、锤式破碎机、对辊破碎机图（图4-3）、钢质棒（球）磨机、密封式研磨机以及无系统偏倚、精密度符合要求的各种缩分机和联合破碎缩分机等。

图4-2　颚式破碎机　　　　　　　　　图4-3　对辊破碎机

（2）锤子、手工磨碎煤样的钢板和钢碾等（图4-4）。

图4-4　钢板和钢碾

（3）二分器（图4-5）。

（4）十字分样板、铁锹、镀锌铁盘或搪瓷盘、毛刷、台秤、托盘天平、磅秤、清扫设备和磁铁等（图4-6）。

图4-5 二分器

（5）存储全水分煤样和分析试验煤样的严密容器。
（6）振筛机（图4-7）。

图4-6 十字分样板、毛刷、磁铁　　　　图4-7 振筛机

（7）标准筛：大筛分筛孔孔径为 150 mm、100 mm、50 mm、25 mm、13 mm、6 mm、3 mm、1 m 和 0.5 mm 方孔筛及小筛分（小于 0.5 mm 标准套筛），3 mm 的圆孔筛（图4-8）。
（8）鼓风干燥箱：温度可控（图4-9）。

图4-8 标准筛   图4-9 鼓风干燥箱

学习任务一 颚式破碎机的操作

【学习目标】

(1) 通过仔细阅读《煤样的制备方法》(GB/T 474—2008),明确学习任务。

(2) 根据《选煤厂安全规程》(AQ 1010—2005) 和实际情况, 合理制订工作 (学习) 计划。

(3) 正确认识颚式破碎机的工作原理、主要结构及技术参数。

(4) 独立完成颚式破碎机的操作。

(5) 正确完成颚式破碎机的安装与检修, 并填写试验报告单。

【建议课时】

6 课时。

【工作情景描述】

(1) 在正常工作时间, 接到通知后, 在组长的带领下、监督人员的现场监督下, 认真核对位置, 确认无误后严格按照《煤样的制备方法》(GB/T 474—2008) 要求进行制样。

(2) 样品的制备一般情况下遵循集中制样的原则。

(3) 制样机械使用前或制备不同样品前, 要进行充分清理, 防止样品受到污染。

学习活动1 明确工作任务

【学习目标】

(1) 通过仔细阅读制样安全规定, 明确学习任务、课时分配等要求。

(2) 正确认识颚式破碎机的工作原理、主要结构及技术参数。

（3）独立完成颚式破碎机的操作。

（4）正确完成颚式破碎机的安装与检修，并填写试验报告单。

一、明确工作任务

在接到颚式破碎机制备煤样任务后，学生应明确颚式破碎机的工作原理及主要结构，进一步熟悉颚式破碎机的技术参数及操作，最终使学生了解颚式破碎机的安装、调试和检修。重点是颚式破碎机的技术参数及操作。

二、相关的理论知识

1. 破碎目的和程度

（1）破碎目的。破碎的目的是增加试样颗粒数，减小缩分误差。相同质量的试样，粒度越小颗粒数越多，代表性也越好，缩分误差也越小。

破碎耗时间、耗能量、耗体力，而且会有试样、水分损失，因此制样时不宜将大量试样一次破碎到分析试验试样所要求的粒度，而应采用逐级破碎缩分的方法逐渐减小粒度和试样量，但缩分阶段也不要多，否则会增加缩分误差。

（2）破碎程度。分析化验试样所需粒度。

2. 破碎方法

破碎可用机械方法或人工方法。为提高效率、减少劳动和节约时间，应尽可能使用机械方法，当煤炭粒度大于破碎机最大供料粒度时，可用人工方法将大块煤破碎到最大供料粒度以下；当煤炭过湿、粘破碎机时可用人工方法破碎。

在人工制样中，为减小破碎工作量，往往采用筛分方法将大粒度煤筛出，单独破碎后再并入原样；而在制备有粒度范围要求的专用煤样时如可磨性煤样，则必须采用逐级破碎法。此时在进一步处理试样前必须将煤样充分混匀，如后继程序是缩分，则应使用二分器。

3. 破碎设备

要求破碎设备破碎粒度准确，试样损失小，不残留或残留量很少，并易于清扫。生热和空气流通尽可能小。对于破碎全水分、发热量和黏结性指数测定煤样的破碎机，则更要求生热和空气流动小，鉴于此不能使用原盘磨合转速大于 950 r/min 的锤碎机及频率大于 20 Hz 的球磨机。

破碎机的出料粒度取决于机械的类型、破碎口尺寸和破碎元件速度。颚式破碎机一般用来进行较大粒度的粗碎，如破碎到 25 mm 以下。正常的破碎比（入料粒度与出料粒度之比）为 4~5，也可调节到 8~9。对辊破碎机适用于中碎，锤式破碎机适用于细碎。其型号有 EP 系列、XPC 系列等，原理结构基本相同。

4. 颚式破碎机工作原理及主要结构

1）工作原理（图 4-10）

颚式破碎机的基本工作原理是将动颚板固定在曲柄

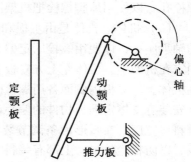

图 4-10 颚式破碎机工作原理

摇杆机构的连杆上。当动颚上行时，动颚板向物料挤压破碎，动颚下行时，动颚板在弹簧作用下离开定颚板，被破碎物料卸出机器。在电机带动偏心轮的连续运转下，动颚板前、后、上、下做周期性往复运动，物料被不断地破碎直至达到小于排料口尺寸后才被卸出，直到所有物料被破碎卸出机器。为使排料粒度的大小在规定范围内可调，颚式破碎机都设有排料口宽度调整机构。

2）主要结构（图4－11）

颚式破碎机主要由机架、机体、定动颚板部件、偏心轴—连杆机构、调节机构、装料斗及排料斗等部分组成。传动方式由电动机经三角胶带轮传至偏心轮，再由偏心轮带动曲轴摇杆机构运动。

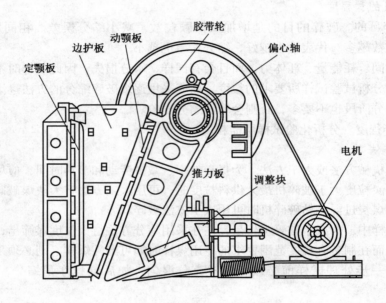

图4－11　颚式破碎机主要结构

（1）机架。主机架上面有安装机体的螺栓孔，可用螺栓将机体固定在机架上。机架右侧面安装有带调节长孔的电动机架，用以固定电动机。左侧面装有排料斗。下部有地脚螺栓孔，以便用地脚螺栓把机架固定在基础上。

（2）机体。机体是由主板和支柱焊接而成。在机体右上部有安装偏心轴—连杆机构的轴承座孔，以便用螺栓固定偏心轴—连杆机构。其下部有带孔的连接板，用螺栓把机体固定在机架上。机体左上方立板上有安装定颚板构件的孔，用定颚板轴将定颚板构件固定在机体上。立板内侧面各用螺栓固定一块塞板，以免被破碎物料撞击机体。机体主板左下方安装有支撑定颚板构件的偏心调整机构。机体右下方设有弧形齿条调节装置，用以调节排料口宽度。在弧形齿条调节装置下部配置有闭锁拉簧机构。体机左、右侧面装有密封板，以防粉尘外扬。上部有装料斗螺栓，用螺栓把装料斗固定在机体上。

（3）偏心轴—连杆机构。

偏心轴上用两个向心滚珠轴承与连杆机构的动颚头连接，再用两个装有向心滚珠轴承座配置在动颚头两侧，用螺栓固定在机体上。偏心轴的伸出端用平键与胶带轮连接（也起飞轮作用）。在动颚头上部中央装有一个黄油嘴，可以定期润滑两个轴承。

连杆机构由动颚头、压板、动颚板、橡胶垫等组成。由压板用两个螺栓把动颚板、橡胶垫固定在动颚头上。动颚头背面下端有一个凹槽，凹槽内镶有一个支座，用以连接调节机构的支板。在凹槽下部焊有一个耳钩，用来挂接闭锁机构的拉簧。

（4）定颚板机构。定颚板机构由定颚头、定颚板，压板、橡胶垫及定颚头轴等组成。由压板用两个螺栓把定颚板、橡胶垫固定在定颚头上，再用定颚头轴把定颚板机构一端固定在机体上，另一端悬浮支在定颚板调节偏心轴上。

（5）调节机构。调节机构由定颚板倾角调整机构与动颚板倾角调整机构两部分组成。

定颚板倾角调整机构：主要功能是当颚板磨损后，排料口宽度增大，从而使出料粒度变大，通过调整定颚板倾角来恢复和补偿颚板磨损后排料口宽度的变化（有的小型颚式破碎机无此机构）。它主要由偏心曲轴、锁紧螺母、手柄和销轴等组成。当需要调整时，先松开手柄内侧的锁紧螺母再转动手柄，由手柄带动偏心轴转过一个适当角度，曲轴外面的曲率变化使悬支在其上的定颚头下端改变位置实现其倾角调整，然后锁紧螺母。

动颚板倾角调整机构：主要功能是通过调整动颚板倾角来控制排料口宽度大小，决定排料粒度大小。调整动颚板倾斜角实现方式不同，调整机构具体结构也不同。例如，EP－Ⅰ型颚式破碎机是改变曲柄摇杆机构中摇杆位置达到目的的。其结构由支板、弧形齿条—齿轮调节机构及弧形 T 槽板、手板等组成。支柄相当于曲柄摇杆机构中的摇杆，它是由钢板焊接而成，它的一端悬支在动颚头下部凹槽的支座内，另一端装在弧形齿条的支座内。弧形调节板上装有弧形齿条，齿条可以在弧形调节板槽内滑动。弧形调节板用 4 个螺栓固定在机体的两个调节轴上。弧形齿条一端用螺栓连接一个支座，中部与齿轮轴上的齿轮啮合，另一端抵住动颚头背面的中部。齿轮轴在机体的伸出端装有锁紧螺母和手柄，弧形 T 槽板固定在机体侧面上，手柄一端用平键固定在齿轮轴伸出端，内侧有锁紧螺母装在齿轮轴上，手柄中部用 T 形轴装在弧形 T 槽板 T 形槽内，可以沿 T 槽滑动。当手柄沿弧形 T 槽内移动时，齿轮轴也转过一个角度，从而带动齿条沿弧形调节板槽内滑动，实现支板与动颚头角度改变来调节排料口宽度尺寸。在弧形 T 槽内设有两个限位螺栓，表示排料口最大和最小尺寸。EP－Ⅱ型颚式破碎机是改变曲轴柄摇杆机构中摇杆长度来达到目的的。

（6）闭锁机构。闭锁机构设置在动颚头调节机构下方，由拉力弹簧、调节螺杆、螺母等组成。拉力弹簧一端挂在动颚头下端的耳钩上，另一端挂接在穿过调节轴中部的调节螺杆上，调节螺杆伸出端用螺母锁紧和固定在调节轴上。它的功能是：当连杆向前摆动时，通过拉力弹簧来平衡连杆与支板产生的惯性力，以保证连杆与支板在工作中紧密贴合（在调节排料口宽度尺寸时，应相应调节拉力弹簧的张紧程度）。

（7）装料斗。装料斗用钢板焊接而成，上面有用合页连接的上盖，用 4 个螺栓固定在机体上，喂料口正对颚腔，主要用于破碎机颚腔均匀喂料。

（8）排料斗。排料斗用钢板焊接成，悬挂在机体下部内侧的连接板上，用于接收排料口排出的物料，并靠物料重力把破碎的物料排出在机器外面。

三、技术参数

EP 型颚式破碎机的技术参数见表 4-1。

表 4-1　EP 型颚式破碎机技术参数

参 数 名 称	EP-Ⅰ型	EP-Ⅱ型
入料口尺寸/mm	100×125	100×60
最大给料粒径/mm	≤80	≤60
排料口宽度/mm	1～6	6～10
主轴偏心距/mm	7.5	3.5
生产率/(kg·h⁻¹)	53(排料口宽度 1 mm) 110(排料口宽度 2 mm) 400(排料口宽度 4 mm) 600(排料口宽度 6 mm)	500

学习活动 2　工作前的准备

【学习目标】

（1）阅读《煤样的制备方法》（GB/T 474—2008），明确学习任务、熟悉制样步骤及过程。

（2）根据煤样缩制程序及缩制要点，熟练操作各指标用样的制备。

（3）熟悉制样安全操作规定。

一、工具

（1）锤子、手工磨碎煤样的钢板和钢碾等。

（2）不同规格的二分器。

（3）十字分样板、铁锹、镀锌铁盘或搪瓷盘、毛刷、台秤、托盘天平、磅秤、清扫设备和磁铁等。

（4）标准筛：大筛分筛孔孔径为 150 mm、100 mm、50 mm、25 mm、13 mm、6 mm、3 mm、1 mm 和 0.5 mm 方孔筛及小筛分（小于 0.5 mm 标准套筛），3 mm 的圆孔筛。

二、设备

颚式破碎机（EP-Ⅱ型）。

三、材料与资料

《煤样的制备方法》（GB/T 474—2008）。

学习活动3 现 场 操 作

【学习目标】

（1）熟练掌握本活动安全操作规定，并能按照安全要求进行操作。

（2）正确使用颚式破碎机。

（3）熟练掌握颚式破碎机的安装与使用，并能进一步检查出颚式破碎机常见故障及原因，从而排除。

一、颚式破碎机的安装与使用

（1）机器安装。按机器安装图尺寸要求，打好水泥地基，把机器安放在水泥基础上，用地脚螺栓、螺母固定。

（2）胶带张紧度调整。先将胶带罩打开，拧松电动机固定螺栓，移动电动机使胶带张紧。胶带张紧程度用手指用力按胶带张紧边中部，使其挠曲度在 20 ~ 25 mm 为宜，然后紧固电动机固定螺栓，装好胶带罩。

（3）调整排料口宽度尺寸。首先应先检查两个颚板上牙齿安装位置是否正确，安装方法是使一个颚板的齿峰与另一个颚板的齿谷相对，然后调整定颚板倾角，使定颚板与垂线夹角在 0° ~ 10° 为宜，绝不能出现负角。定颚板倾角调整好后，把手柄内侧锁紧螺母固定好。

动颚板倾角调整：使手柄沿弧形 T 槽来回移动，可得到最大和最小排料口宽度尺寸，应把限位螺栓紧固在最大和最小尺寸的位置上，然后根据破碎物料粒度大小要求，调整排料口宽度尺寸，调好后应将手柄内侧用锁紧螺母锁紧。同时应相应调整闭锁机构拉力弹簧张紧程度。应特别注意，在调整机器时应切断电源在静态下调整，严禁机器在运转状态下对其进行调整，以免发生机械和人身事故。

（4）定期给动颚头内两个轴承和连杆支撑轴承加注润滑油，并检查各部紧固件有无松动现象，发现松动应立即紧固。

（5）把电动机电源线接在 380 V、50 Hz 的电源上。在确定上述工作无误后，可以接通电源，使机器空负荷运转 30 min。应注意胶带轮旋转方向与机器上的箭头指示方向一致，否则应重新调整接线。在空运转时应注意观察机器运转情况，随时排除异常情况，空运转 30 min 后，检查电动机各轴承部位温升情况，如超过 65 ℃，应停车检查。

（6）等空运转正常后，开始负荷运转，添加的被破碎物料的粒度应小于最大给料粒度，并注意观察和测量被破碎后物料粒度的大小。如发现排料粒度不符合要求，应再度调整出料口宽度尺寸，直至符合要求为止。

（7）在正常工作中，如不慎把大块物料填入颚膛而发生卡死现象，或把金属物及其他硬杂物误入颚膛而发生异常噪声后，应立即停机，待机器停止不转后，才能清理颚膛内物料。绝对禁止在机器运转过程中矫正或试图取出颚膛中物料，以免发生机械或人身伤亡事故。

二、常见故障及排除方法

颚式破碎机常见故障、原因及排除方法见表4-2。

表4-2 颚式破碎机常见故障、原因及排除方法

故 障	原 因	排 除 方 法
胶带轮反转	电源线接错相	检查电动机相别，变更接线方法
排料粒度不符合要求	(1) 排料口宽度尺寸不符合要求； (2) 动颚板和定颚板齿对齿； (3) 闭锁机构拉簧张紧度过松	(1) 调整排料口宽度尺寸； (2) 调整颚板相对位置，使齿峰对齿谷； (3) 调整闭锁机构拉簧张紧度
飞轮转速过低	(1) 胶带张紧度过松，打滑； (2) 负载过大使胶带打滑	(1) 调整胶带张紧度； (2) 停车清除颚腔内过多物料，减轻负载
颚板与塞板摩擦	(1) 塞板固定螺栓松动或失效； (2) 颚板安装偏位	(1) 检查紧固螺栓，失效者更换； (2) 松开压板螺栓，调整颚板位置
机器运转中发生撞击噪声	(1) 紧固件松动； (2) 颚板有轻微撞击现象； (3) 被破碎物料中混进金属或其他硬杂物； (4) 轴承磨损	(1) 检查并紧固紧固件； (2) 重新调整排料口宽度尺寸； (3) 清理颚腔内物料，经磁选再加工； (4) 更换轴承
颚板断齿或损坏	(1) 颚腔内有金属或其他硬杂物，使颚板撞坏； (2) 排料口宽度尺寸消失，发生撞车现象； (3) 颚板压板螺栓松动，使颚板发生撞击； (4) 闭锁拉簧失效，使支板脱位	(1) 停机检查并清理颚腔内物料，颚板损坏严重应更换； (2) 检查或更换颚板后，更新调整排料口宽度尺寸； (3) 颚板压板螺栓如松动应坚固，螺纹损坏应更换； (4) 更换闭锁弹簧
轴承温升过高，超过65℃	(1) 轴承内缺润滑油； (2) 轴承磨损严重； (3) 长时间超负荷工作	(1) 检查轴承，加润滑油； (2) 更换轴承； (3) 注意适当减轻工作负载

学习任务二 锤式破碎机的操作

【学习目标】

（1）通过仔细阅读制样基础知识，明确学习任务。

（2）根据《选煤厂安全规程》(AQ 1010—2005)和实际情况，合理制订工作（学习）计划。

（3）正确认识锤式破碎机的结构及性能。

（4）独立完成锤式破碎机的操作与维护。

（5）正确掌握锤式破碎机的常见故障、原因及排除方法，并填写试验报告单。

【建议课时】

6 课时。

【工作情景描述】

（1）正常工作时间，接到通知后，在组长的带领下、监督人员的现场监督下，认真核对位置，确认无误后严格按照国家标准《煤样的制备方法》（GB/T 474—2008）要求进行制样。

（2）样品的制备一般情况下遵循集中制样的原则。

（3）制样机械使用前或制备不同样品前，要进行充分清理，防止样品受到污染。

（4）对整个制样过程随时进行检查，并对备查样品、余煤以及正常样品的分样进行抽查，对于超差的要进行考核。

学习活动 1 明确工作任务

【学习目标】

（1）通过仔细阅读制样安全规定，明确学习任务、课时分配等要求。

（2）正确认识锤式破碎机的结构、工作原理及技术性能。

（3）独立完成锤式破碎机的操作与维护。

（4）正确掌握锤式破碎机的常见故障、原因及排除方法，并填写试验报告单。

一、明确工作任务

在接到锤式破碎机制备煤样任务后，学生应明确锤式破碎机的结构及性能，进一步熟悉锤式破碎机的操作与维护，最终使学生了解锤式破碎机的常见故障、原因及排除方法。重点是锤式破碎机的操作与维护。

二、相关的理论知识

锤式破碎机现在已形成系列产品（PZC 系列），该系列产品有 PZC－250×360 型、PZC－1800×150 型、PZC－80×30 型等密封锤式破碎机。该机型是新一代的破碎设备，能对各种物料进行快速破碎，非常适用于电力、煤炭、冶金、矿山、化工、环保、地质、科研等部门。

锤式破碎机属环保性产品，密封设计，无粉尘溢出；具备以下优点：

（1）清扫方便，不混样；

（2）对含水分≤18%的物料破碎效果好，不损失样料水分，不堵料；

（3）进料粒度大，出料粒度可调节。

三、结构及性能

1. 结构（图 4－12）

密封锤式破碎机的结构如图 4－12 所示。底座有橡胶脚轮，进料装置与排料装置为全密封结构，破碎机启动前将料样加入进料斗内，加盖密封，接样器插入破碎机排料口与接样器底座中间，底面由弹簧将其压紧，从而构成全密封系统。主轴两端的胶带轮和飞轮与

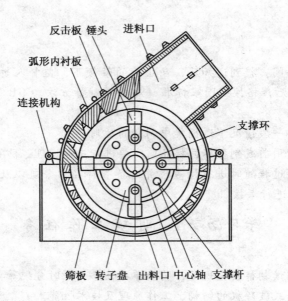

图 4-12　锤式破碎机基本结构

转子体的中心线对称布置，当锤头一侧磨损超过极限时，可将主轴沿水平回转180°，将胶带轮和飞轮互换位置，转子仍可继续使用，以延长其工作寿命。

　　2. 工作原理（图 4-13）

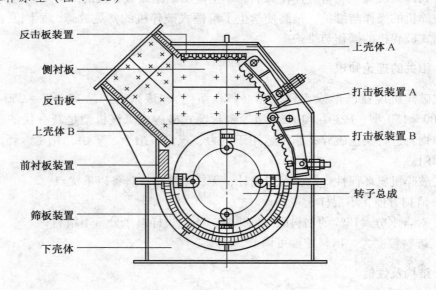

图 4-13　锤式破碎机工作原理

　　工作原理：物料进入破碎机中，受到高速回转的锤头的冲击而破碎（颗粒之间相互碰撞），破碎的物料从锤头处获得动能，高速冲向架体内挡板、筛条，与此同时物料相互撞击，遭到多次破碎，小于筛条间隙的物料，从间隙中排出，个别较大的物料，在筛条上再次经锤头的冲击、研磨、挤压而破碎，物料被锤头从间隙中挤出，从而获得所需粒度的产量。

3. 技术参数（表4-3）

表4-3 密封式锤式破碎机技术参数

名　　称	技术参数	名　　称	技术参数
给料粒度/mm	＜50	电机型号	Y90L-4
出料粒度/mm	＜3	电机功率/kW	1.5
生产率/(kg·h⁻¹)	450~220	电压/V	380
主轴转速/(r·min⁻¹)	2800	噪声/dB	82~84

学习活动2　工作前的准备

【学习目标】

（1）阅读《煤样的制备方法》(GB/T 474—2008)，明确学习任务、熟悉制样步骤及过程。

（2）根据煤样缩制程序及缩制要点，熟练操作各指标用样的制备。

（3）熟悉制样安全操作规定。

一、工具

（1）锤子、手工磨碎煤样的钢板和钢碾等。

（2）不同规格的二分器。

（3）十字分样板、铁锹、镀锌铁盘或搪瓷盘、毛刷、台秤、托盘天平、磅秤、清扫设备和磁铁等。

（4）标准筛：大筛分筛孔孔径为150 mm、100 mm、50 mm、25 mm、13 mm、6 mm、3 mm、1 mm和0.5 mm方孔筛及小筛分（小于0.5 mm标准套筛），3 mm的圆孔筛。

二、设备

锤式破碎机（PZC-180×150型）。

三、材料与资料

《煤样的制备方法》(GB/T 474—2008)。

学习活动3　现　场　操　作

【学习目标】

（1）熟练掌握本活动安全操作规定，并能按照安全要求进行操作。

（2）正确使用锤式破碎机。

（3）熟练掌握锤式破碎机的操作与维护，并能进一步检查出锤式破碎机常见故障及原因，从而排除。

一、锤式破碎机的操作与维护

（1）设备安装后，应将设备外表清洗干净，正式使用前，应检查各紧固件有无松动，传动胶带松紧程度，工作前必须先空运转 1～2 min，确认无异常声音后，方能开始工作。

（2）制样时，先将料样加入进料斗内，加盖密封后，按下电机启动器按钮，待电机运转正常后，再将加料斗闸门手柄缓慢向上提起，使料样均匀进入破碎机内。

（3）接样器与破碎机排料口插接时，必须用脚踩踏脚板，使接样器底座位置移动，方可插入。

（4）加料斗的容积分别相当于大号接样器容积的1/2，小号接样器容积的2倍。操作人员可根据料样的多少，选用大、小号接样器收取试样。如用大号接样器收取试样时，则加料斗可连续加料两次，如用小号接样器收取试样时，加料斗加满一次，接样器须两次收取试样，加料进入破碎腔按照少量多次的原则，水分不宜太大（使用大接样器时，必须将小接样器托架翻转向上）。

（5）停机时，待加料斗内的料样完全经破碎机破碎后，将手柄松开，关闭加料斗闸门，再停止电机运转。

（6）料样破碎后切断电源，将上机壳掀开即可清扫，并要将外表一并清扫干净。

（7）破碎机传动胶带的松紧度调节，可用扳手旋转电机托板底部的调节螺杆，即可完成。

（8）主轴两端的轴承润滑，可根据运转情况，经常加注适量的润滑脂。

（9）进入破碎机破碎的料样，须注意检查，严防金属异物或易爆杂物（如雷管）混入料样中，以免发生意外事故。

二、常见故障、原因及排除方法（表4-4）

表4-4 锤式破碎机常见故障、原因及排除方法

故　障	原　因	排　除　方　法
机器通电后不运转	（1）电源不通，电压过低； （2）磁力启动器失灵； （3）电机烧杯	（1）检查电源（包括闸刀、插头、保险丝和电动机接线等），排除故障，确保电压为380 V； （2）严格按磁力启动器说明书规定保养，如有损坏，应及时更换； （3）修理或更换电机
破碎时物料反弹不下料	（1）运转方向不对； （2）给料粒度超过规定要求； （3）给料水分太大	（1）改变运转方向（将电源或电机上任意三相火线对调即可）； （2）破碎物料不得超过规定要求； （3）水分大的物料先进行烘干处理
工作时有异常声音	（1）物料中夹有金属物； （2）锤头与小轴磨损后摩擦筛网； （3）机器中紧固件有松动	（1）破碎前须检查物料中有无金属异物混入； （2）更换小轴； （3）定期检查机器所有紧固件

学习任务三 双辊破碎机的操作

【学习目标】

（1）通过仔细阅读《煤样的制备方法》（GB/T 474—2008），明确学习任务。

（2）根据《选煤厂安全规程》（AQ 1010—2005）和实际情况，合理制订工作（学习）计划。

（3）正确认识双辊破碎机的工作原理、结构性能及技术参数。

（4）独立完成双辊破碎机的安装与使用。

（5）正确掌握双辊破碎机的常见故障、原因及排除方法，并填写试验报告单。

【建议课时】

4 课时。

【工作情景描述】

（1）正常工作时间，接到通知后，在组长的带领下、监督人员的现场监督下，认真核对位置，确认无误后严格按照《煤样的制备方法》（GB/T 474—2008）要求进行制样。

（2）样品的制备一般情况下遵循集中制样的原则。

（3）制样机械使用前或制备不同样品前，要进行充分清理，防止样品受到污染。

学习活动1 明确工作任务

【学习目标】

（1）通过仔细阅读《选煤厂安全规程》（AQ 1010—2005），明确学习任务、课时分配等要求。

（2）正确认识双辊破碎机的工作原理、结构性能及技术参数。

（3）独立完成双辊破碎机的安装与使用。

（4）正确掌握双辊破碎机的常见故障、原因及排除方法，并填写试验报告单。

一、明确工作任务

在接到双辊破碎机制备煤样任务后，学生应明确双辊破碎机的工作原理、结构性能及技术参数，进一步熟悉双辊破碎机的安装与使用，最终使学生了解双辊破碎机的常见故障、原因及排除方法。重点是双辊破碎机的安装与使用。

二、相关的理论知识

双辊破碎机适于细碎各种中等或低硬度的矿石，其抗压强度不大于 68.6 MPa。

三、工作原理及结构性能

1. 工作原理

双辊破碎机主要工作部件是两根水平轴上平行安装的两个相对回转的轧辊，在轧辊做回转运动时，将进入破碎腔的物料轧碎，再从两轧辊间隙通过，进入接料斗排出机体外。传动机构由电动机驱动三角胶带，带动主动轮轧辊做回转运动，再由主动轧辊经中介链轮带动从动轧辊反向、同步回转（图4-14）。

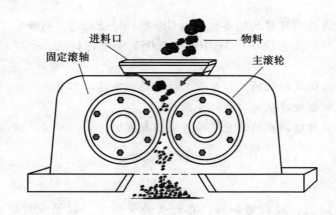

图4-14 双辊破碎机工作原理

2. 结构性能

双辊破碎机结构示意图如图4-15所示。

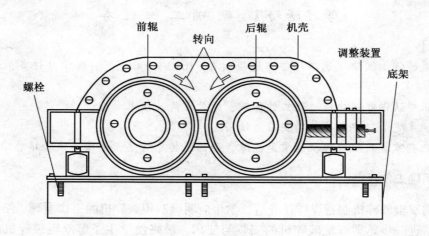

图4-15 双辊破碎机结构示意图

（1）箱盖组合。箱盖组合包括箱盖、给料斗、给料斗插板、夹板等。箱盖是铸铁件，左端有两个连接耳，用长销轴与箱体铰接。其上部平台，用螺栓固定给料斗。在给料斗与箱盖平台间装有给料斗插板，用来控制给料口尺寸大小，达到控制负荷的目的。在箱盖的内侧面装有两块平板，防止物料撞击、磨损箱体，以及防止物料没经轧辊破碎从轧辊侧面落下。箱盖外面右端中央有一突出平台，可用箱体上相应部位的扣紧叉及顶丝将箱盖与箱体扣紧，防止轧辊上下振动和尘粉外溢。

（2）箱体组合。箱体组合主要由箱体、导向键、定位板等组成。箱体是铸件，其左端有两个连接耳，用长销轴与箱盖铰接。其右端中央有一个突出平台，平台侧面水平方向用销轴与扣紧叉铰接，当机器工作时，用扣紧叉与其上顶把箱体与箱盖扣紧。当清除破碎腔卡料时，把顶丝松开，扣紧叉搬掉，抬起箱盖右端，箱盖铰支在左端箱体上，破碎腔便暴露在操作者面前，便于操作。箱体中部两侧有两个水平面，中间是空隙，用来装轧辊，水平面上装有两个导向键，用以安装主、从动轧辊轴承座，使轴承座可沿导向键水平移动，以完成间隙和安全防护弹簧调整。在水平面中央安装有两块定位板，用来夹持夹板。夹板与轧辊的间隙形成固定的破碎腔。箱体右端有两个安装间隙调整机构的孔，左端有安装弹簧压紧机构的两个孔。在箱体前面左上方有安装中介链轮的平面，在箱体前面中部装有两个链盒支杆，用螺母紧固链盒。

（3）弹簧压紧机构。该机构由压紧弹簧、弹簧座、调节螺杆及锁紧螺母等组成。该机构安装在箱体左端两孔内。弹簧一端平装在从动轧辊轴承座侧面的圆形槽内，另一端装有弹簧座，调节螺栓穿越箱体顶弹簧座，伸出端用锁紧螺母锁在箱体侧面。该机构的作用是当非破碎物料落入破碎腔时，弹簧被压缩，从动轧辊沿导向键向左移动，使轧辊间间隙增大，非破碎物料顺利通过轧辊而不损坏其他零部件，起安全保护作用。

（4）从动轧辊组合。从动轧辊组合由从动轴、滑动轴承、轧辊、链轮等组成。在从动轴中部安装轧辊，轧辊是用 ZG65Mn 钢经热处理制成。在轧辊两侧各装一个滑动轴承，在从动轴伸出端装一个链轮。滑动轴承由轴承座及锡青铜轴套组成。轴承座底面有导向键槽，左侧面有安装弹簧的圆环槽。轴承上面有一个装润滑油嘴的 M10×1 孔，以便定期给轴承加注润滑油。从动轧辊安装在箱体左半部，使轴承座上的导向键槽对准导向键，轴承座左侧面安装好弹簧压紧机构。

（5）主动轧辊组合。主动轧辊组合由从主动轴、轧辊、滑动轴承、大胶带轮、链轮等组成。在主动轴中部安装轧辊，轧辊两侧各安装一个滑动轴承，在主动轴一端用普通平键安装上大胶带轮，另一端用普通平键装上链轮。轴承由轴承座及锡青铜轴套组成。轴承座底面有导向键槽，右侧面有装调整间隙机构的滑螺杆槽，滑螺杆用挡盖固定在槽内。将轴承座底面键槽对准导向键水平放置在箱体上，保持两轧辊平行。每个轴承座上都有一个润滑油嘴，定期加注润滑油。

（6）间隙调节机构。该机构由调节手轮、调节螺栓、锁紧螺母及滑螺杆等组成。装在箱体右端两个孔内，用锁紧螺母将调节螺栓锁紧在箱体上。手轮装在调节螺栓轴端用顶丝固定好，滑螺杆的螺纹旋入调节螺栓的内螺纹内，另一端固定在轴承右侧面。调整两轧辊间隙时，先松开锁紧螺母，旋动手轮，将使主动轧辊沿导向键滑动改变两轧辊间隙。当调整好所需要的间隙后拧紧锁紧螺母。注意调整两轧辊间隙时，两个半轮应同步旋动，以免使轧辊倾斜。

（7）中介链轮组合。中介链轮组合安装在箱体前面左上部平面上。它由链轮座、链轮轴、滑动铜套及链轮组成。轮轴上有一个润滑油嘴，以便定期润滑轴套。它的作用是改变从动轧辊旋转方向、调整链条张紧度。链条张紧度不宜过紧，其挠度为 2%A（A 是两链轮中心距）为宜，防止链条被拉断。

（8）机架。机架由角钢焊接而成。在机架框内下部安有斜向电动机座板及胶带张紧机构。胶带张紧机构由支杆螺栓改变电动机座板倾角来实现的，机架上平面有4个孔安装箱体，还有六个螺纹孔安装接料斗。

（9）接料斗。接料斗由钢板焊接而成，用螺栓与机架连接。其作用是接收被破碎的物料并将其排到机体外。为控制其排料口大小，在接料斗出口处安装有插板。

四、技术参数

双辊破碎机的技术参数见表4-5。

表4-5 双辊破碎机技术参数

名　　称	参　　数	名　　称	参　　数
轧辊尺寸/mm	$\phi200 \times 75$	轧辊转速/$(r \cdot min^{-1})$	450
最大给料粒度/mm	≤13	轧辊转速/$(r \cdot min^{-1})$	1430
排料粒度/mm	<3	电动机功率/kW	1.5
生产率(当轧辊间隙为4 mm时)/$(kg \cdot h^{-1})$	860	轧辊间隙调整量/mm	0.5～4.0

学习活动2　工作前的准备

【学习目标】

（1）阅读《煤样的制备方法》（GB/T 474—2008），明确学习任务、熟悉制样步骤及过程。

（2）根据煤样缩制程序及缩制要点，熟练操作各指标用样的制备。

（3）熟悉制样安全操作规定。

一、工具

（1）锤子、手工磨碎煤样的钢板和钢碾等。

（2）不同规格的二分器。

（3）十字分样板、铁锹、镀锌铁盘或搪瓷盘、毛刷、台秤、托盘天平、磅秤、清扫设备和磁铁等。

（4）标准筛：大筛分筛孔孔径为150 mm、100 mm、50 mm、25 mm、13 mm、6 mm、3 mm、1 mm和0.5 mm方孔筛及小筛分（小于0.5 mm标准套筛），3 mm的圆孔筛。

二、设备

双辊破碎机。

三、材料与资料

《煤样的制备方法》（GB/T 474—2008）。

学习活动3 现 场 操 作

【学习目标】

（1）熟练掌握本活动安全操作规定，并能按照安全要求进行操作。

（2）正确使用双辊破碎机。

（3）掌握双辊破碎机的安装与使用，并能进一步检查出双辊破碎机常见故障及原因，从而排除。

一、双辊破碎机的安装与使用

（1）按照安装图要求，打好水泥地基，用地脚螺栓和水泥固定牢靠。

（2）仔细检查各紧固件紧固是否牢固，如有松动现象应紧固。

（3）对各轴承及润滑部位加注润滑油。

（4）打开胶带罩，检查传动胶带是否良好，如有损坏应及时更换。当胶带和胶带轮上有油污时应擦干净，然后调整胶带张紧度，在胶带张紧边中部用手指用力向下按，其挠度为 20～25 mm 为宜。调整部位是调整机架上电动机座板的支杆螺母，使电动机板改变倾斜角。

（5）打开链盒，检查链轮对称中心线是否在同一平面内，这是保持链轮与链条良好接触的首要条件。检查链条张紧度是否合适，如需调整先松开中介链轮座固定螺栓，移动中介链轮位置来实现调整。

（6）弹簧压紧机构的调整：根据破碎粒度要求，首先松开调节螺栓上锁紧螺母，然后用扳手转动调节螺栓，使弹簧对从动轧辊轴承座有一定压力，但压力不宜过大，压力过大会将弹簧压死而使安全防护作用消失，调好后拧紧锁紧螺母。应注意使两个压力弹簧对从动轧辊轴承压力要近于相等。

（7）轧辊间隙的调整：根据破碎粒度的要求，轧辊间隙应与破碎粒度要求相适应，首先松开调节机构锁紧螺母，同时用两手旋动手轮使主动轧辊轴承座沿导向键移动。当轧辊间隙与破碎粒度要求相近时间隙合适，再锁紧螺母。

（8）上述各项检查和调整工作结束后，再将胶带罩、链盒安装牢固，然后将箱体右端扣紧搬到箱盖平台上，用顶丝牢固。在确认机器各部位均正常后，电动机可接通电源（380 V、50 Hz）进行试运行。本机须在负荷下启动，启动后应注意观察轧辊旋转方向是否正确，并注意观察和静听机器运转是否正常，发现异常情况，应立即切断电源，查明原因、排除故障后方可重新启动。

（9）给料试运转：当机器正常运转后，方可给料试验，在给料试验时，应把给料口控制好，使负荷逐渐增大，并观察排料粒度和排料速度，如不符合要求应停车查明原因并及时调整，直到满足要求为止。

（10）在使用中，如发现有异常情况和卡塞现象，须立即切断电源，待机器停止运转后，才能排除故障或清理破碎腔遗物。禁止在机器运转过程中排除故障和清理破碎物料。

（11）各轴承及润滑部位、链条应定期加注润滑油。

（12）经常保持机器清洁，每次使用后应及时擦净机器上的尘粉及油污，并清理遗落在破碎腔内物料。

二、常见故障及排除方法

双辊破碎机常见故障、原因及排除方法见表4-6。

表4-6 双辊破碎机常见故障、原因及排除方法

故　障	原　因	排　除　方　法
电机过热	(1) 负荷过大； (2) 电机轴承缺润滑油； (3) 电机轴承磨损	(1) 适当减轻负荷； (2) 给电机轴承加润滑油； (3) 更换电机轴承
轧辊转速过低	(1) 胶带严重磨损； (2) 负荷过大； (3) 胶带过松	(1) 更换胶带； (2) 适当减轻负荷； (3) 调整胶带张紧度
轴承过热	(1) 轴承缺润滑油； (2) 轴承磨损； (3) 轧辊磨损严重	(1) 给轴承加注润滑油； (2) 更换轴承套； (3) 适当减轻负荷
破碎粒度不均匀	(1) 弹簧压力太小； (2) 夹板磨损后松动、脱落； (3) 轧辊端面错位	(1) 加大弹簧压力； (2) 检查紧固夹板或更换夹板； (3) 调整轧辊端面位置
排料口不排料或 排料过慢	(1) 轧辊光洁度太高； (2) 物料粒度太大； (3) 轧辊间隙太小	(1) 增加轧辊表面粗糙度； (2) 选用较小粒度的物料； (3) 调大轧辊间隙
链轮掉齿或损坏	(1) 链轮对中性破坏； (2) 链轮、链条严重磨损	(1) 更换链轮后调对中性； (2) 更换链轮、链条
链条拉断	(1) 链条张紧度太紧； (2) 链条严重磨损	(1) 调松链条； (2) 更换链条
物料卡在破碎腔	(1) 被破碎物料硬度太高； (2) 弹簧压死	(1) 更换破碎机类型； (2) 调小弹簧压力
轧辊表面出现坑或 损坏	(1) 物料里混进金属或过硬杂物； (2) 被破碎物料硬度太高	(1) 清理金属或杂物，修复轧辊； (2) 更换破碎机类型
破碎粒度过大	(1) 弹簧压力太小； (2) 轧辊间隙过大； (3) 轧辊磨损严重	(1) 加大弹簧压力； (2) 调整轧辊间隙； (3) 上述两项同时调整
运转过程有异常 噪声	(1) 物料里有硬度较大杂物； (2) 紧固件松动； (3) 链条过松	(1) 清除杂物； (2) 检查、紧固松动零件； (3) 适当调整链条张紧度

学习任务四　密封式粉碎机的操作

【学习目标】

（1）通过仔细阅读《煤样的制备方法》（GB/T 474—2008），明确学习任务。

（2）根据《选煤厂安全规程》（AQ 1010—2005）和实际情况，合理制订工作（学习）计划。

（3）正确认识密封式粉碎机的结构特征及技术参数。

（4）独立完成密封式粉碎机的使用。

（5）正确掌握密封式粉碎机的常见故障、原因及排除方法（高级工），并填写试验报告单。

【建议课时】

4 课时。

【工作情景描述】

（1）正常工作时间，接到通知后，在组长的带领下、监督人员的现场监督下，认真核对位置，确认无误后严格按照《煤样的制备方法》（GB/T 474—2008）要求进行制样。

（2）样品的制备一般情况下遵循集中制样的原则。

（3）制样机械使用前或制备不同样品前，要进行充分清理，防止样品受到污染。

学习活动1　明确工作任务

【学习目标】

（1）通过仔细阅读《选煤厂安全规程》（AQ 1010—2005），明确学习任务、课时分配等要求。

（2）正确认识密封式粉碎机的结构特征及技术参数。

（3）独立完成密封式粉碎机的使用。

（4）正确掌握密封式粉碎机的常见故障、原因及排除方法（高级工），并填写试验报告单。

一、明确工作任务

在接到密封式粉碎机制备煤样任务后，学生应明确密封式粉碎机的结构特征及技术参数，进一步熟悉密封式粉碎机的安装与使用，最终使学生了解密封式粉碎机的常见故障、原因及排除方法。重点掌握密封式粉碎机的使用。

二、相关的理论知识

FZ－1/100A 型密封式粉碎机，是一种新型制样设备，适用于煤、金属和非金属矿石、矿物及颗粒物料化验试样的粉碎加工。

三、结构特征及技术参数

1. 结构特征

FZ－1/100A 型密封式制样粉碎机，通过安装在电机轴端的偏心锤，将电机的回转能量转换为具有一定频率的振荡、冲击力，使粉碎装置的冲击环、冲击块在料钵内对物料撞击、碾压、研磨，达到粉碎的目的。该机主要由电机偏心锤、粉碎装置、压紧装置、机架、机壳及时间控制装置等部件组成。粉碎装置由冲击座、冲击环、冲击块和压盖组成；压紧装置由高低支架、压板和压紧螺钉及蝶形螺母组成。

2. 技术参数（表4－7）

表4－7　FZ－1/100A 型密封式制样粉碎机技术参数

物料质量/g	100	加工时间/min	<2
装料粒度/mm	<3	电动机功率/kW	1.1
排料粒度/目	80	转速/(r·min⁻¹)	960

学习活动2　工作前的准备

【学习目标】

（1）阅读《煤样的制备方法》（GB/T 474—2008），明确学习任务、熟悉制样步骤及过程。

（2）根据煤样缩制程序及缩制要点，熟练操作各指标用样的制备。

（3）熟悉制样安全操作规定。

一、工具

（1）锤子、手工磨碎煤样的钢板和钢碾等。

（2）不同规格的二分器。

（3）十字分样板、铁锹、镀锌铁盘或搪瓷盘、毛刷、台秤、托盘天平、磅秤、清扫设备和磁铁等。

（4）标准筛：大筛分筛孔孔径为 150 mm、100 mm、50 mm、25 mm、13 mm、6 mm、3 mm、1 mm 和 0.5 mm 方孔筛及小筛分（小于 0.5 mm 标准套筛），3 mm 的圆孔筛。

二、设备

密封式粉碎机（图4－16）。

三、材料与资料

《煤样的制备方法》（GB/T 474—2008）。

图 4 - 16　密封式粉碎机

学习活动 3　现 场 操 作

【学习目标】

（1）熟练掌握本活动安全操作规定，并能按照安全要求进行操作。

（2）正确使用密封式粉碎机。

（3）掌握密封式粉碎机的安装与使用，并能进一步检查出密封式粉碎机常见故障及原因，从而排除。

一、密封式粉碎机的使用方法

（1）将设备置于清洁、干燥、无腐蚀性气体的地方，一般可不打基础，但须放置平稳，在底座下垫上橡胶板可有效地降低工作时振动和噪声；然后打开机器的上盖，将机壳与压紧装置的固定件拆除（图 4 - 17）。

图 4 - 17　密封式粉碎机的检查

（2）为减少和杜绝料样混杂、污染，使用前应将冲击块、冲击环、料钵以及压盖擦拭干净，并有少量待制的料样做一次清罐工作，然后再进行制样。

（3）将冲击块、冲击环放入料钵内，待制备的料样放入冲击件的空隙内，套上橡胶垫圈，盖上压盖，拧紧压紧装置。如果是多头料钵粉碎机，料钵不需要全部使用时，须将不用的料钵内的冲击块、冲击环取出，然后盖上压盖，拧紧压紧装置，最后将外置盖放下。

（4）接通电源，按实际需要工作时间调好定时器，按下启动按钮，由电动机带动粉碎装置做高频振动，进行料样的粉碎加工。

（5）待机器按调定时间停止运转后，打开罩盖，松开压紧装置，取下粉碎装置（料钵），打开压盖，取出冲击块、冲击环，倾倒料钵中已粉碎的试样。在粉碎成粒度小于0.2 mm 的煤样之前，应用磁铁将煤样中铁屑吸去。

（6）粒度一般在0.2 mm，80 目以下可直接瓶装送交化验室装入容器的煤样量不应超过煤样瓶容积的3/4（图4-18）。

图4-18　装入容器的煤样量

（7）压紧装置未拧紧前，不得通电运转。电动机未停稳时，不准松开压紧装置倾倒物料。

（8）使用电源为380 V、50 Hz 的三相交流电源。用户需自行配接380 V、15 A 的闸刀开关，闸刀开关应安装在距机器2～3 m 处，接线应安全可靠并有接地线。

（9）料样必须达到空气干燥状态，如潮湿可能粘在冲击座内而不易倒出。每次加工的料样质量和粒度不能超过规定的限度，必须保证装料后冲击块和冲击环之间有适当间隙。

（10）若要制备比200 目更细的料样，需适当延长粉碎时间，或在料钵中加入适量酒精等溶剂，进行湿式粉碎加工，即可达到目的（若要制备黏结指数测定煤样，要注意破碎10 s 左右）。

二、密封式粉碎机的维修

密封式粉碎机常见故障、原因及排除方法见表4-8。

表4-8 密封式粉碎机常见故障、原因及排除方法

故　障	原　因	排　除　方　法
电机通电后不运转	（1）电源不通，电压过低； （2）固定座圈中的4个螺栓松动或掉入联轴器套内卡住偏心锤不能转动； （3）电动机内轴承长期缺油使轴承烧坏； （4）转子轴变形或断裂； （5）线圈烧坏	（1）检查电源，排除故障，确保电源电压为（380±19）V； （2）拆开联轴器套，拧紧座圈的固定螺栓； （3）更换新轴承，定期加注润滑油； （4）更换转子轴或更换新电机； （5）重绕线圈或更换新电机
制样机工作时有异样响声	（1）螺栓没有拧紧或没有防松垫圈； （2）运转方向和螺栓旋紧方向不一致	（1）加防松垫圈并拧紧全部螺栓； （2）更换电源任意两个线头，使运转方向和螺栓方向一致
工作时制样机剧烈振动及整机位移	（1）压缩弹簧变形或折断； （2）安装时地面不平整，使机器倾斜	（1）更换6只新弹簧； （2）校正整机水平面，并加以固定

模块五 煤样的筛分

筛分试验是将原料煤通过规定的各种大小不同筛孔的筛子，分成各种不同粒度的级别，然后分别测定各粒级质量（如灰分、水分、挥发分、硫分、发热量等，具体根据试验目的而定）。筛分试验一般分为原煤筛分和粉煤筛分试验两种，采取的原料大于 0.5 mm 的物料采用大筛分的方法测定物料的粒度组成（各粒级物料的质量分布）；小于 0.5 mm 的物料采用小筛分（标准套筛）测定粉煤的粒度组成。筛分试验根据《煤炭筛分试验方法》（GB 477—2008）的规定进行。煤样可按下列尺寸筛分成不同粒级：100 mm、50 mm、25 mm、13 mm、6 mm、3 mm 和 0.5 mm。根据煤炭加工利用的需要可增加（或减少）某一或某些级别，或以生产中实际的筛分级代替其中相近的筛分级。由以上 7 个级别筛孔的筛子将试样分成：大于 100 mm、100～50 mm、50～25 mm、25～13 mm、13～6 mm、6～3 mm、3～0.5 mm、0.5～0 mm 粒度级，其中大于 50 mm 各粒级应手选出煤、矸石、中间煤（夹矸煤）和硫铁矿 4 种产品。筛分后对各粒级和各手选产品分别测定产率和质量，将试验结果填入筛分试验报告表中。如果是选煤厂生产检查（如月综合等）或设备检查煤样，大于 25 mm 各粒级不手选，化验项目根据试验目的和要求而定。

筛分煤样的称重设备最大称量为 500 kg（或 200 kg）、100 kg、20 kg、10 kg 和 5 kg 的台秤或案秤各一台，其最小刻度值应符合国家规定，且每次过秤的物料质量不得少于台秤或案秤最大称量的 1/5。

筛分时孔径为大于或等于 25 mm 的可用圆孔筛，筛板厚度为 1～3 mm。25 mm 以下的煤样可以采用金属丝编织的方孔筛网进行筛分分级。

学习任务一 大筛分试验操作

【学习目标】

（1）通过仔细阅读《煤炭筛分试验方法》（GB/T 477—2008），明确学习任务。

（2）根据《选煤厂安全规程》（AQ 1010—2005）和实际情况，合理制订工作（学习）计划。

（3）正确认识大筛分试验的工作原理、大筛分试验要求及操作步骤。

（4）独立完成大筛分试验的操作。

【建议课时】

6 课时。

【工作情景描述】

（1）正常工作时间，接到通知后，在组长的带领下、监督人员的现场监督下，认真核对位置，确认无误后严格按照《煤炭筛分试验方法》（GB/T 477—2008）要求进行制样。

（2）样品的制备一般情况下遵循集中制样的原则。

（3）筛分设备使用前或制备不同样品前，要进行充分清理，防止样品受到污染。

学习活动 1　明确工作任务

【学习目标】

（1）通过仔细阅读制样安全规定，明确学习任务、课时分配等要求。

（2）正确认识大筛分试验的工作原理、大筛分试验要求及操作步骤。

（3）独立完成大筛分试验的操作。

（4）正确认识大筛分试验的操作，并填写大筛分试验报告单。

一、明确工作任务

在接到筛分制备煤样任务后，学生应明确大筛分设备的工作原理及要求，进一步熟悉大筛分试验的操作，最终使学生了解大筛分试验操作的注意事项。重点是大筛分试验的操作。

二、相关的理论知识

大筛分是对粒度大于 0.5 mm 的煤炭进行的筛分试验。筛分试验用煤样的采取方法应符合《生产煤样采取方法》（MT/T 1034—2006）的规定。

（1）筛分试验煤样的总质量应根据粒度组成的历史资料和其他特殊要求确定，规定筛分煤样总质量的目的，是为了保证各筛分粒级的代表性。煤的粒度越大，要求煤样总质量也越大：①设计用的煤样不少于 10 t；②矿井生产用的煤样不少于 5 t，不做浮沉试验时不少于 2.7 t；③选煤厂入选原煤及其产品煤样的质量按粒度上限规定：当最大粒度大于 300 mm 时，煤样的质量不少于 6 t；当最大粒度在 300～100 mm 之间时，煤样的质量不少于 2 t；当最大粒度在 100～50 mm 之间时，煤样的质量不少于 1 t。

（2）筛分煤样的缩制，当筛分煤样为 13～0 mm 时煤样缩分到质量不少于 100 kg，其中 3～0 mm 的煤样缩分到不少于 20 kg。

（3）当收到煤样后应在空气干燥状态，筛分试验应当在 3 d 之内开始进行试验。

学习活动 2　工作前的准备

【学习目标】

（1）阅读《生产煤样采取方法》（MT/T 1034—2006），明确学习任务、熟悉大筛分试验步骤及过程。

（2）根据煤样大筛分试验要求，熟练操作大筛分试验的步骤。

（3）熟悉制样安全操作规定。

一、工具与设备

（1）筛子（图 5-1）。常用的筛孔有：150 mm、100 mm、90 mm（不常用）、50 mm、25 mm、13 mm、6 mm、3 mm、1 mm、0.5 mm、0.2 mm，主要用于生产煤样的筛分试验和

制备分析用煤样；台秤如图 5 - 2 所示（根据煤样质量选取）。

 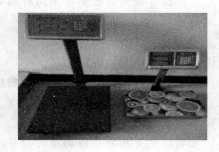

图 5 - 1 大筛分常用筛子   图 5 - 2 台秤

（2）锤子、手工磨碎煤样的钢板和钢碾等。

（3）不同规格的二分器。

（4）十字分样板、铁锹、镀锌铁盘或搪瓷盘、毛刷、台秤、托盘天平、磅秤、清扫设备和磁铁等。

二、材料与资料

《煤炭筛分试验方法》（GB/T 477—2008）、《生产煤样采取方法》（MT/T 1034—2006）。

学习活动 3 现 场 操 作

【学习目标】

（1）熟练掌握本活动安全操作规定，并能按照安全要求进行操作。

（2）正确使用筛子、台秤，同时掌握注意事项。

（3）熟练掌握筛分试验操作过程，并能进一步分析试验结果。

一、大筛分试验操作步骤

（1）筛分程序。筛分操作一般从最大筛孔向最小筛孔进行，如果煤样中大粒度含量不多，可先有 13 mm 或 25 mm 的筛子筛分，然后对其筛上物和筛下（物）筛分试验时，往复摇动筛子，速度均匀合适，移动距离为 300 mm 左右，直到筛净为止。每次筛分时新加入的煤量应保证筛分操作完毕时，试样覆盖筛面的面积不大于 75% 且筛上煤粒能与筛接触（图 5 - 3）。

（2）煤样潮湿且急需筛分时，则按以下步骤进行：

① 采取外在水分样，并称量煤样总量；

② 先用筛孔为 13 mm 的筛子筛分，大于 13 mm 的煤样晾干至空气干燥状态后，再用筛孔为 13 mm 筛子复筛，然后对大于 13 mm 煤样称重，并进行各粒级筛分和称量，小于 13 mm 煤样掺入到小于 13 mm 的湿煤样中；

③ 小于 13 mm 的湿煤样，采取外在水分样，称量后缩分至不少于 100 kg，然后干燥到空气干燥状态后称量，再进行 13 ~ 0 mm 各粒级筛分并称量；

图 5 - 3 筛分操作

④ 对 50 mm 和小于 50 mm 各粒级煤样在要求的筛子中过筛后，取部分筛上物做检查，符合表 5 - 1 规定的则认为筛净；

表 5 - 1 各粒级的筛分是否筛净的检查

筛孔/mm	入料量/($kg \cdot m^{-2}$)	摇动次数(一个往复算两次)/次	筛下量(占入料)/%
50	10	2	<3
25	10	3	<3
13	5	6	<3
6	5	6	<2
3	5	10	<2
0.5	5	20	<1.5

⑤ 采用机械筛分时，应使煤粒不产生破碎的情况下在整个筛分区域内保持松散状态，并用上述方法检查其是否筛净，以便合理确定机械筛的主要参数（倾角等）。

二、注意事项

（1）筛分试验应在筛分实验室内进行，室内面积一般为 120 m²；地面为光滑的水泥地。人工破碎和煤样的地方应铺有钢板（厚度约 8 mm）。

（2）筛分时煤样应是空气干燥状态。变质程度低的高挥发分的烟煤可以晾干到接近空气干燥状态，再进行筛分。

学习任务二 小筛分试验操作

【学习目标】

（1）通过仔细阅读《煤炭筛分试验方法》（GB/T 477—2008），明确学习任务。

（2）根据《选煤厂安全规程》（AQ 1010—2005）和实际情况，合理制订工作（学习）计划。

（3）正确认识小筛分试验的工作原理、小筛分试验要求及操作步骤。

（4）独立完成小筛分试验的操作。

【建议课时】

4 课时。

【工作情景描述】

（1）正常工作时间，接到通知后，在组长的带领下、监督人员的现场监督下，认真核对位置，确认无误后严格按照《煤炭筛分试验方法》（GB/T 477—2008）要求进行制样。

（2）样品的制备一般情况下遵循集中制样的原则。

（3）筛分设备使用前或制备不同样品前，要进行充分清理，防止样品受到污染。

学习活动1 明确工作任务

【学习目标】

（1）通过仔细阅读制样安全规定，明确学习任务、课时分配等要求。

（2）正确认识小筛分试验的工作原理、小筛分试验要求及操作步骤。

（3）独立完成小筛分试验的操作。

（4）正确认识小筛分试验的操作，并填写小筛分试验结果表。

一、明确工作任务

在接到筛分制备煤样任务后，学生应明确小筛分设备的工作原理及要求，进一步熟悉小筛分试验的操作，最终使学生了解小筛分试验操作的注意事项。重点是小筛分试验的操作。

二、相关的理论知识

小筛分是对粒度小于 0.5 mm 的煤炭进行的筛分试验。小筛分一般采用标准筛进行，小筛分试验适用于测定粒度小于 0.5 mm 的烟煤和无烟煤的粉煤、各粒级的产率和质量，其目的是测定粉煤粒度组成，了解粉煤中各粒级的质量特征。粉煤筛分试验一般采用 0.500 mm、0.250 mm、0.125 mm、0.075 mm 和 0.045 mm 筛孔的筛子将物料筛分成 0.500 ~ 0.25 mm、0.250 ~ 0.125 mm、0.125 ~ 0.075 mm、0.075 ~ 0.045 mm 和小于 0.045 mm 5 个粒度级。

试验用煤样必须是空气干燥状态，煤样质量不得小于 2 kg。收到煤样后，筛分试验应当在 3 d 之内开始进行试验。经粉煤筛分试验得出各粒级产物后称重，计算出各粒级占该试样的质量百分数，并测定各粒级煤样的灰分和水分。试验结果填入粉煤筛分试验结果表（表 5 - 2）。

表5-2 煤粉筛分试验结果表

煤样名称：_____ 煤样粒度：_____ 煤样质量：_____
试验编号：_____ 采样地点：_____ 煤样灰分：_____
试验日期：_____

粒度/mm	质量/g	产率/%	灰分/%	累 计	
				产率/%	灰分/%
≥0.500					
0.500～0.250					
0.250～0.125					
0.125～0.075					
0.075～0.045					
<0.045					
合 计					

试验负责人：_____ 核对：_____ 计算：_____

学习活动2 工作前的准备

【学习目标】

（1）阅读《煤炭筛分试验方法》（GB/T 477—2008），明确学习任务、熟悉小筛分试验步骤及过程。

（2）根据煤样筛分试验要求，熟练操作小筛分试验的步骤。

（3）熟悉制样安全操作规定。

一、工具与设备

（1）振筛机；

（2）标准筛；

（3）恒温箱；

（4）托盘天平；

（5）烧杯、洗瓶、玻璃棒、扁毛刷（图5-4）、搪瓷盘（或铝盘）（图5-5）等工具。

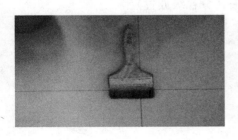

图5-4 扁毛刷

图5-5 铝盘

二、材料与资料

《煤炭筛分试验方法》（GB/T 477—2008）。

学习活动 3　现　场　操　作

【学习目标】

（1）熟练掌握本活动安全操作规定，并能按照安全要求进行操作。

（2）正确使用所需设备及工具，同时掌握注意事项。

（3）熟练掌握小筛分试验操作过程，并能进一步分析试验结果。

一、小筛分试验操作步骤

（1）把煤样在温度不高于 75 ℃恒温箱内烘干（也可用暖气烘干架），取出冷却至空气干燥状态后，缩分称取至少 200 g。然后取搪瓷盆或金属盆 4~5 个，盆里盛水的高度约为筛子高度的 1/3，在第一个盆内放入该次筛分中孔径最小的筛子；把煤样倒入烧杯内，加入少量清水，用玻璃棒充分搅拌使煤样完全润湿，然后倒入筛子内，用洗瓶冲洗烧杯和玻璃棒上所黏附的煤粒。如煤样质量较大可分几次进行筛分。将盛煤样的筛子在水中轻轻摇动进行筛分，在第一盆水中尽量筛净，然后再把筛子放入第二盆水中，依次筛分直到水清为止。筛完后，把筛上物倒入盘子中，并冲洗净粘在筛子上的筛上物。筛下的煤泥水待澄清后，用红吸管吸去清水（禁止煤泥吸出以免造成损失）。

（2）沉淀的煤泥经过滤放入另一个盘内，然后把筛上物和筛下物分别放入温度不高于 75 ℃的恒温箱内（或暖气烘干架）烘干。把套筛按筛孔由大到小的次序排列好，套上筛底。把烘干的筛上物倒入最上层筛子内，盖上筛盖。把套筛置于振筛机上，开动机器，每隔 5 min 停下机器用手筛检查 1 次。检查时，依次从上至下取下筛子放在搪瓷盘上手筛，手筛 1 min，筛下物质量不超过筛上物质量的 1%，即为筛净。筛下物须倒入下一粒级中，各粒级都依次进行检查。筛分完后，逐级称量并记录质量，把各粒级产物缩制成化验用煤样，装入煤样瓶内，送往化验室测定灰分。

二、注意事项

（1）进行小筛分试验时，必须用标准筛进行筛分。

（2）各筛分级别的产物严禁相互污染和丢失（分粒级放置）。

（3）筛分时禁止用刷子用力刷筛网和筛物，以免影响筛分结果的正确性。

模块六 煤样的缩分

缩分是制样的最关键的程序，缩分的目的在于减少试样量。当试样明显潮湿，不能顺利通过缩分器或粘缩分器表面时，应在缩分前进行空气干燥。

缩分可以用机械方法进行，也可用人工方法进行，但为了减小人为误差，应尽量采用机械方法（包括二分器法）。当机械方法使煤样完整性破坏，如水分损失和粒度减小时，或煤的粒度过大无法用机械方法以及试样量太少时，应用人工方法。但人工方法本身会产生偏倚，特别是缩分煤样量较大时，因此人工缩分操作应仔细，粒度小于 13 mm 的试样应使用二分器。

缩分可一次完成，也可多次完成。缩分后总样和子样留样量应满足要求，当一次缩分后的留样量大于要求量时，可用同样的缩分方法或同一缩分器或下一缩分器做进一步缩分；当预计的缩分后留样量小于要求量时，应将试样进一步破碎后再缩分。缩分可在任意阶段进行，缩分后试样的最小质量应满足规定（表6-1）。

表6-1 缩分后试样最小质量

标称最大粒度/mm	一般和共用煤样/kg	全水分煤/kg	粒度分析煤样/kg	
			精密度1%	精密度2%
150	2600	500	6750	1700
100	1025	190	2215	570
80	565	105	1070	275
50	170	35	280	70
25	40	8	36	9
13	15	3	5	1.25
6	3.75	1.25	0.65	0.25
3	0.70	0.65	0.25	0.25
1	0.10	—	—	—

学习任务一 二分器缩分煤样

【学习目标】

（1）通过仔细阅读《煤样的制备方法》（GB 474—2008），明确学习任务。

（2）根据《选煤厂安全规程》（AQ 1010—2005）和实际情况，合理制订工作（学习）

计划。

（3）正确认识二分器缩分的结构、技术性能及使用方法。

（4）独立完成二分器缩分煤样的操作。

【建议课时】

6 课时。

【工作情景描述】

（1）正常工作时间，接到通知后，在组长的带领下、监督人员的现场监督下，认真核对位置，确认无误后严格按照《煤样的制备方法》（GB 474—2008）要求进行制样。

（2）样品的制备一般情况下遵循集中制样的原则。

（3）缩分设备使用前或制备不同样品前，要进行充分清理，防止样品受到污染。

学 习 活 动 1　明 确 工 作 任 务

【学习目标】

（1）通过仔细阅读《选煤厂安全规程》（AQ 1010—2005），明确学习任务、课时分配等要求。

（2）正确认识二分器的结构、技术性能及使用方法。

（3）独立完成二分器缩分煤样的操作。

（4）正确认识二分器缩分煤样的操作过程，并认真填写试验报告单。

一、明确工作任务

在接到缩分制备煤样任务后，学生应明确缩分设备的结构及技术性能，进一步熟悉缩分设备的使用方法，最终使学生掌握二分器缩分的步骤。重点是二分器缩分煤样的使用方法。

二、相关的理论知识

二分器是一种简单而有效的缩分器。它由两组相对交叉排列的格槽及接收器组成。两侧格槽数相等，每侧至少 8 个。格槽开口尺寸至少为试样标称最大粒度的 3 倍，但不能小于 5 mm，格槽与水平面的倾斜度至少为 60°。为防止粉煤和水分损失，接收器与二分器主体应配合严密，最好是封闭式。

使用二分器缩分煤样，缩分前可不混合，缩分时应使试样呈柱状沿二分器长度来回摆动供入格槽。供料要均匀并控制供料速度，勿使试样集中于某一端，勿发生格槽阻塞。

当缩分需分几步或几次通过二分器时，各步或各次通过后，应交替地从两侧接收器中收取留样。

学 习 活 动 2　工 作 前 的 准 备

【学习目标】

（1）阅读《煤样的制备方法》（GB 474—2008），明确学习任务、熟悉二分器的结构及技术性能。

（2）根据二分器的使用方法，熟练缩分煤样的步骤。

（3）熟悉制样安全操作规定。

一、工具与设备

二分器（由分样槽、分样斗、接样器、架子和簸箕组成）（图4-5）。

二、材料与资料

《煤样的制备方法》（GB 474—2008）。

三、技术参数（表6-2）

表6-2　二分器技术参数

号别	格槽数量/个	格槽宽度/mm	缩分粒度/mm
1号	32	5	<1.25
2号	24	7.5	<3
3号	18	15	<6
4号	16	32.5	<13

学习活动3　现场操作

【学习目标】

（1）熟练掌握本活动安全操作规定，并能按照安全要求进行操作。

（2）正确使用二分器，同时掌握二分器使用要点。

（3）熟练掌握二分器缩分煤样的过程，并能进一步分析试验结果。

一、二分器使用方法及要点

（1）使用前检查格槽宽度、平行、等距，与粒度一致（图6-1）。

图6-1　二分器的检查及使用

（2）二分器缩分效果好，也是最常见的缩分工具，缩分之前不需要掺和（实际上具有掺和与缩分的双重功能）。

（3）用簸箕将样品倒入二分器时，簸箕须倾斜，再沿分样斗的长度方向往复移动（幅度不能超过二分器的两端），使样品形成更多的缩分点。

（4）要控制加样速度，不宜过量，以免堵塞和影响缩分精度。

（5）缩分后，任取一边作为留样。

（6）每种样品缩分完毕后，须将二分器的支架加以振动，以免存留样品（图6-2）。

图6-2 二分器缩取煤样

（7）二分器每次用完后，应擦拭干净，保持清洁。

二、注意事项

（1）使用前要仔细检查二分器格槽宽度是否与煤样粒度相称。

（2）检查二分器的各格槽宽度是否一致，若不一致须进行调整。

（3）二分器入料时，摆动幅度要在二分器长度范围内，入料要均匀，速度不能太快，以免格槽上面积样，并且样流要经过格槽的中心位置，不要超前或靠后，以使煤样进入两边样斗的质量近于相等。

（4）煤样水分较高时，要不时地振动二分器，以免阻塞。

（5）缩分完煤样，要仔细检查二分器各格槽，并将其打扫干净。

（6）二分器通常包括大小不同的规格，用以缩分小于13 mm的煤样，要配套使用。

（7）二分器具有许多个相同宽度的格槽，格槽的宽度至少为煤样最大粒度的3倍，但不小于5 mm，倾斜度不小于60°，小格数目应为偶数。

学习任务二 堆锥四分法缩分煤样

【学习目标】

（1）通过仔细阅读《煤样的制备方法》（GB/T 474—2008），明确学习任务。

（2）根据《选煤厂安全规程》（AQ 1010—2005）和实际情况，合理制订工作（学习）计划。

（3）正确认识堆锥四分法的操作方法。

（4）独立完成堆锥四分法缩分煤样的操作。

【建议课时】

4 课时。

【工作情景描述】

（1）正常工作时间，接到通知后，在组长的带领下、监督人员的现场监督下，认真核对位置，确认无误后严格按照《煤样的制备方法》（GB/T 474—2008）要求进行制样。

（2）样品的制备一般情况下遵循集中制样的原则。

（3）缩分设备使用前或制备不同样品前，要进行充分清理，防止样品受到污染。

学习活动1 明确工作任务

【学习目标】

（1）通过仔细阅读《选煤厂安全规程》（AQ 1010—2005），明确学习任务、课时分配等要求。

（2）正确认识堆锥四分法缩分煤样的方法。

（3）独立完成堆锥四分法缩分煤样的操作。

（4）正确认识堆锥四分法缩分煤样的操作过程，并认真填写试验报告单。

一、明确工作任务

在接到缩分制备煤样任务后，学生应明确缩分工具及缩分方法，进一步熟悉堆锥四分法缩分的过程，最终使学生掌握堆锥四分法缩分的步骤。重点是堆锥四分法缩分煤样的步骤。

二、相关的理论知识

堆锥四分法是一种比较方便的方法，（在煤样水分大、粒度大、煤量大的情况下适用该方法）但有粒度离析，操作不当会产生偏倚。为保证缩分精密度，堆锥时应将试样一小份一小份地从样堆顶部落下，使之从顶到底、从中心到外缘形成有规律的粒度分布，并至少倒堆（堆掺）3 次。摊平时应从上到下逐渐拍平或摊平呈厚度适当的扁平体；分样时，将十字分样板放在扁平体的正中间向下压至底部，煤样被分成 4 个相等的扇形体。将相对的两个扇形体弃去，另两个扇形体留下继续下一步制样。为减少水分损失，操作要快速进行。

学习活动2 工作前的准备

【学习目标】

（1）阅读《煤样的制备方法》（GB/T 474—2008），明确学习任务、熟悉堆锥四分法缩分的工具。

（2）根据堆锥四分法缩分方法，熟练缩分煤样的步骤。

（3）熟悉制样安全操作规定。

一、工具与设备

缩分板（图6-3），十字分样板（图6-4）、扁毛刷。

图6-3 缩分板　　　　　　　　　图6-4 十字分样板

二、材料与资料

《煤样的制备方法》（GB/T 474—2008）。

学习活动3 现 场 操 作

【学习目标】

（1）熟练掌握本活动安全操作规定，并能按照安全要求进行操作。

（2）正确使用十字分样板缩分煤样，同时掌握堆锥四分法缩分步骤。

（3）熟练掌握堆锥四分法缩分煤样的过程，并能进一步分析试验结果。

一、堆锥四分法缩分煤样

（1）堆掺：在光滑、无吸附性、不产生污染的平面（如厚钢板）上进行，堆掺时要使煤样一小份一小份地从锥顶落下，使煤堆从顶到底、从中心到外缘形成有规律的粒度分布，并且至少倒堆3次（图6-5）。

图6-5 堆掺

76

（2）摊堆：将煤样从上到下逐渐拍平或摊平，严禁扒平，否则煤堆的粒度分布会被破坏。平堆的厚度不限，以操作方便为准（图6-6）。

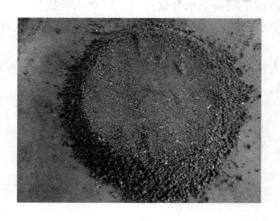

图6-6 摊堆

（3）缩分：从中心划两条垂直交叉线，将煤样分成4个扇形堆，取任意两个相对的扇形堆为留样，其他两个弃去。分样时最好使用十字分样板（图6-7）。

图6-7 缩分

（4）堆锥四分法直观图如图6-8所示。

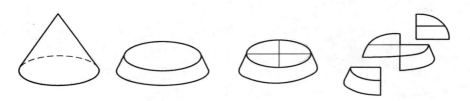

图6-8 堆锥四分法直观图

二、注意事项

（1）操作要快，特别是制备全水分试样时，以免水分损失。

（2）通常制样室至少要配备不同规格的三四只十字分样板，用以缩分小于 25 mm 的样品。

（3）样品粒度越大，缩分的样品量越多，就要使用大号的十字分样板；反之，缩分小于 3 mm 的细粒样品，可用小号的十字分样板。

模块七 煤样的干燥

煤样的干燥方法有空气干燥法和加速干燥法两种。

（1）空气干燥法是将煤样铺成均匀、厚度不超过煤样标称最大粒度 1.5 倍或质量面积密度为 1 g/cm² 的薄层，在环境温度和湿度下暴露至与大气温度接近平衡（连续干燥 1 h 质量变化不超过总质量的 0.1%）。不同温度下干燥时间不同见表 7-1。

表 7-1　不同温度下干燥时间

环境温度/℃	干燥时间/h	环境温度/℃	干燥时间/h
20	不超过 24	40	不超过 4
30	不超过 6		

（2）加速干燥法是在比环境温度高 10 ℃，但不超过 50 ℃ 的干燥箱或干燥室中进行干燥，干燥后将煤样在实验室环境中放置一定时间（一般 3 h 足够）使之与大气温度达到平衡。

学习任务一　鼓风干燥煤样

【学习目标】

（1）通过仔细阅读《煤样的制备方法》（GB/T 474—2008），明确学习任务。

（2）根据《选煤厂安全规程》（AQ 1010—2005）和实际情况，合理制订工作（学习）计划。

（3）正确认识鼓风干燥箱的工作原理及技术参数。

（4）独立完成鼓风干燥煤样的操作。

【建议课时】

4 课时。

【工作情景描述】

（1）正常工作时间，接到通知后，在组长的带领下、监督人员的现场监督下，认真核对位置，确认无误后严格按照《煤样的制备方法》（GB/T 474—2008）要求进行制样。

（2）样品的制备一般情况下遵循集中制样的原则。

（3）干燥设备使用前或制备不同样品前，要进行充分清理，防止样品受到污染。

学习活动 1　明确工作任务

【学习目标】

（1）通过仔细阅读制样安全规定，明确学习任务、课时分配等要求。

（2）正确认识鼓风干燥箱的工作原理、技术参数、使用条件及注意事项。

（3）独立完成鼓风干燥箱干燥煤样的操作。

（4）正确认识鼓风干燥箱干燥煤样的操作过程，并认真填写试验报告单。

一、明确工作任务

在接到干燥煤样任务后，学生应明确干燥设备的工作原理、技术参数，进一步熟悉鼓风干燥箱使用条件及注意事项，最终使学生掌握鼓风干燥箱的使用。重点是鼓风干燥的使用方法。

二、相关的理论知识

1. 干燥的目的

（1）减少煤样水分使之顺利通过破碎机或缩分器。

（2）使煤样达到空气干燥状态，保证化验称样过程中水分不变化，提高化验精密度。

（3）测定煤样外在水分。

2. 鼓风干燥箱特点

（1）采用智能 PID 液晶显示控温仪具有定时、报警指示、温度偏差修正、控温自整定等功能，控温精确可靠。

（2）全方位立体加热强制送风技术，确保工作室内部温度均匀一致。

（3）具有超温断电、报警指示系统，当控制温度超过设定上限时仪表蜂鸣器报警。保证试验、人员的安全。

（4）采用耐高温硅胶密封条，配以锁扣式松紧调节门锁，确保良好的密封性，防止热量流失。

（5）良好的隔热设计，能长期高温运行，使用寿命长，便于更换，最大限度地做到绿色、节能、环保。

（6）箱门装有双层钢化玻璃，便于随时观察工作室内物品加热情况。

（7）箱体外壳经静电喷涂工艺处理，造型美观大方，防腐耐用。

（8）独特的几何腔体洁净设计，保证对样品主动完美的保护。

（9）内部工作室采用不锈钢板制造，可调式不锈隔板，四角呈半圆弧，从而使清洁更方便。

3. 鼓风干燥箱的工作原理

工作室内空气经电加热后，并经风机强制循环，在工作区与被加热物品进行均匀的热量交换，以达到烘烤或干燥物品的目的。

4. 技术参数（表 7-2）

表7-2 鼓风干燥箱技术参数

型 号	101A-00S	101A-0S	101A-IS	101A-20S	101A-3S
电源电压/V	220				
控温范围/℃	10～250				
温度波动度/℃	±1				
工作环境温度/℃	5～40				
输入功率/kW	0.6	1.0	1.5	2.0	3.0
工作室尺寸（深×宽×高）/（mm×mm×mm）	260×260×260	350×360×350	400×400×450	550×500×550	500×600×700
外形尺寸（深×宽×高）/（mm×mm×mm）	370×390×550	480×490×700	530×530×830	680×630×900	630×730×1050
隔板负荷/kg	15				

学习活动2 工作前的准备

【学习目标】

（1）阅读《煤样的制备方法》（GB/T 474—2008），明确学习任务、熟悉鼓风干燥箱的特点和工作原理。

（2）根据鼓风干燥箱的工作原理和技术参数，熟练使用方法及注意事项。

（3）熟悉制样安全操作规定。

一、工具

镀锌铁盘或搪瓷盘。

二、设备

鼓风干燥箱（温度可控）。

三、材料与资料

《煤样的制备方法》（GB/T 474—2008）。

学习活动 3 现 场 操 作

【学习目标】

（1）熟练掌握本活动安全操作规定，并能按照安全要求进行操作。

（2）正确理解鼓风干燥箱工作原理，同时掌握鼓风干燥煤样的操作步骤。

（3）熟练掌握鼓风干燥箱干燥煤样的步骤，并能进一步分析鼓风干燥箱的使用工作条件及注意事项。

一、鼓风干燥箱干燥煤样的步骤

（1）用预先干燥并称量过的煤样盘称取煤样，平摊在煤样盘中。

（2）打开预先鼓风并已加热的鼓风干燥箱，进行干燥。

（3）从干燥箱中取出煤样盘，冷却至室温后称量。

二、干燥箱使用工作条件及注意事项

（1）环境温度为 5～40 ℃。

（2）相对湿度不大于 80% RH。

（3）大气压力为 86～10 kPa。

（4）设备安装应避免阳光直射和其他热源的影响，周围无腐蚀性气体。

（5）设备严禁用于易燃易爆、剧毒、强腐蚀性物品的试验。

（6）设备不用时应关闭电源，保持干燥干净。

学习任务二 电热板干燥煤样

【学习目标】

（1）通过仔细阅读《煤样的制备方法》（GB/T 474—2008），明确学习任务。

（2）根据《选煤厂安全规程》（AQ 1010—2005）和实际情况，合理制订工作（学习）计划。

（3）正确认识电热板的特点及主要技术参数。

（4）独立完成电热板干燥煤样的操作。

【建议课时】

4 课时。

【工作情景描述】

（1）正常工作时间，接到通知后，在组长的带领下、监督人员的现场监督下，认真核对位置，确认无误后严格按照《煤样的制备方法》（GB/T 474—2008）要求进行制样。

（2）样品的制备一般情况下遵循集中制样的原则。

（3）干燥设备使用前或制备不同样品前，要进行充分清理，防止样品受到污染。

学习活动 1 明 确 工 作 任 务

【学习目标】

（1）通过仔细阅读制样安全规定，明确学习任务、课时分配等要求。

（2）正确认识电热板的特点及主要技术参数。

（3）独立完成电热板干燥煤样的操作。

（4）正确认识电热板干燥煤样的操作过程，并认真填写试验报告单。

一、明确工作任务

在接到干燥煤样任务后，学生应明确干燥设备的结构及主要技术参数，进一步熟悉电热板的使用方法及注意事项，最终使学生掌握电电热板干燥煤样的操作。重点是电热板干燥煤样的操作。

二、相关的理论知识

1. 电热板的特点

（1）本产品外壳采用优质冷轧钢板制作，表面静电喷涂，造型新颖、美观；抗腐性能强，坚固耐用。

（2）采用可控硅调节温度，能适应用户不同加热温度的需要。

（3）采用封闭式加热盘，加热无明火，安全可靠，热利用率高。

2. 主要技术参数（表7-3）

表7-3 电热板技术参数

型 号	ML-1.5-4	ML-2.4-4	ML-3-4
额定电压/V	220	220	220
额定功率/kW	1.5	2.4	3.6
规格/（mm×mm）	400×280	450×350	600×400
最高温度/℃	400	400	400

学习活动 2 工 作 前 的 准 备

【学习目标】

（1）阅读《煤样的制备方法》（GB/T 474—2008），明确学习任务、熟悉电热板的特点和工作原理。

（2）根据电热板的特点及主要技术参数，熟练电热板的使用方法。

（3）熟悉制样安全操作规定。

一、工具与设备

电热板、煤样盘、搅拌丝（图7-1）。

图7-1　电热板加热煤样

二、材料与资料

《煤样的制备方法》（GB/T 474—2008）。

学习活动3　现　场　操　作

【学习目标】

（1）熟练掌握本活动安全操作规定，并能按照安全要求进行操作。

（2）正确掌握电热板的特点及技术参数，同时掌握电热板干燥煤样的操作步骤。

（3）熟练掌握电热板干燥煤样的操作步骤，并能进一步分析电热板的注意事项、常见故障及排除。

一、电热板干燥煤样的步骤

（1）将电热板放置在水平台面上。

（2）接通与电热板要求相符的电源，顺时针旋转功率调节旋钮将电压调至合适位置即可。

（3）将盛有煤样的煤样盘放置在电热板上，进行加热干燥（电热板的最高温度不得超过150℃），在干燥的过程中要不断翻动煤样，以免煤样被烧坏。

（4）煤样干燥后，立即转移至煤样平台上进行制样，并将电热板清理干净。

二、使用电热板的注意事项

（1）必须使用与电热板相符的电源，电源插座应采用三孔安全插座，并安装地线。

（2）首次使用会稍有微烟产生，属正常现象。

（3）电热板是用来干燥快速检查煤样的。禁止在电热板上烘、烤、煮其他物品，严禁用手或其他肢体直接接触电热板，以防烧伤肢体。

三、常见故障原因及排除方法（表7－4）

表7－4 常见故障原因及排除方法

现　象	原 因 及 排 除 方 法
无电源	插头与插座接触不良，应检查插头、插座
不升温	（1）能调电压但加热盘不升温，应检查加热盘及线路； （2）用万能表测电源电压正常，加热盘阻值正常，应检查或更换控制板
温度一直上升不能控制	可控硅失控，应更换可控硅

煤炭采制样方法
工　　作　　页

目　　　录

模块一　商品煤样的采取

学习任务一　煤流中采样

【学习目标】

（1）通过仔细阅读《商品煤样人工采取方法》（GB 475—2008），明确学习任务。

（2）根据采样现场安全操作流程和实际情况，合理制订工作（学习）计划。

（3）正确认识煤流中采样所使用的各种设备、工具及其功能。

（4）正确操作采样工具。

（5）独立完成煤流中采样整个过程并填写试验报告单。

【建议课时】

6课时。

【学习工作流程】

学习活动1　明确工作任务

学习活动2　工作前的准备

学习活动3　现场操作

学习活动4　总结与评价

学习活动1　明确工作任务

【学习目标】

（1）通过仔细阅读《商品煤样人工采样方法》（GB 475—2008），明确学习任务、课时分配等要求。

（2）准确在煤流中分布子样点。

（3）正确理解煤流中采样的要求、使用设备、操作工具及操作注意事项。

（4）独立完成在煤流中采样的整个操作过程。

【学习过程】

在进行操作前，学生要对煤流中采样的要求，使用设备、操作工具、注意事项等内容进行查阅资料，获取了所需知识，然后回答以下问题。

（1）简述煤流中采样时，采样工作的安全规程。

（2）简述煤流中采样时，采样工注意事项。

（3）根据 1000 t 时最少子样数目，写出时间间隔和质量间隔计算公式。

（4）计算煤流中采样商品煤样时子样数目和子样质量。

学习活动 2 工作前的准备

【学习目标】

（1）阅读《商品煤样人工采取方法》（GB 475—2008），明确学习任务、熟悉采样步骤，过程。

（2）根据煤种、用途、发运量等规定，掌握采样单元、最少子样数目和子样质量的确定。

（3）掌握商品煤样在煤流中采取所使用工具与注意事项。

（4）熟悉采样安全操作规定。

一、材料与资料

《商品煤样人工采取方法》（GB 475—2008）。

二、工具器材

序号	工具或材料名称	单　位	数　量	备　注
1	毛巾			
2	手套			
3	工作服			
4	安全帽			
5	雨鞋			
6	采样铲			
7	采样袋			

三、人员分工

（1）小组负责人。

（2）小组成员分工。

姓　　名	分　　工

四、安全防护措施

五、评价

以小组为单位，展示本组制订的工作计划，然后在教师点评的基础上对工作进行修改完善，并根据以下评分标准进行评分。

评 价 内 容	分值	评　　分		
		自我评价	小组评价	教师评价
计划规定是否合理	10			
计划是否全面完善	10			
人员分工是否合理	10			
任务要求是否明确	20			
工具清单是否正确、完整	20			
材料清单是否正确、完整	20			
团结协作	10			
合　　计	100			

学习活动 3 现 场 操 作

【学习目标】

（1）熟练掌握本活动安全要求，并能按照安全要求进行操作。

（2）正确使用采样铲和接斗采取煤样。

一、现场操作准备

（1）在进入操作现场地点前应做哪些准备工作和安全防护措施？

（2）熟悉操作环境，明确现场操作中的注意事项。

二、现场操作

（1）能够准确地说出煤流中采取商品煤样前的准备工作。

（2）根据实际情况确定煤流中采取商品煤样的地点和子样数目、质量。

（3）在现场煤流中采取商品煤样。

三、清理现场

（1）操作结束后，应进行哪些现场清理工作？

（2）验收人员提出了哪些意见或建议，你是如何回答的？

学习活动 4　总 结 与 评 价

【学习目标】

（1）以小组形式，对学习过程和实训成果进行汇报总结。

（2）完成对学习过程的综合评价。

一、工作总结

以小组为单位，选择演示文稿、展板、录像等形式中的一种或几种向全班展示，汇报学习成果。

二、综合评价

学生姓名：　　　　教师：　　　　班级：　　　　学号：

序号	考评项目	分值	考 核 办 法	教师评价（权重 60%）	组长评价（权重 20%）	学生互评（权重 20%）
1	学习态度	10	出勤率、听课态度、实训表现等			
2	学习能力	30	回答问题、完成学生工作面质量等			
3	操作能力	40	实训成果质量			
4	团结协作精神	20	以所在小组完成工作的质量、速度等进行综合评价			
	合　计	100				

学习任务二 汽车上采样

【学习目标】

（1）通过仔细阅读《商品煤样人工采取方法》（GB 475—2008），明确学习任务。

（2）根据采样现场安全操作流程和实际情况，合理制订工作（学习）计划。

（3）正确认识汽车上采样所使用的各种设备、工具及其功能。

（4）正确操作采样工具。

（5）独立完成汽车上采样整个过程并填写试验报告单。

【建议课时】

4 课时。

【学习工作流程】

学习活动1 明确工作任务

学习活动2 工作前的准备

学习活动3 现场操作

学习活动4 总结与评价

学习活动1 明确工作任务

【学习目标】

（1）通过学习采样现场安全操作流程，明确学习任务、课时分配等要求。

（2）准确在汽车上分布子样点。

（3）正确理解商品煤样在汽车上采取的要求、使用设备、操作工具及工作注意事项。

（4）独立完成在汽车上采样的整个操作过程。

【学习过程】

在进行操作前，学生要对汽车上采样的要求，使用设备、操作工具、注意事项等内容进行查阅资料，获取了所需知识，然后回答以下问题。

（1）简述汽车上采样时，采样工作的安全规程。

（2）简述汽车上采样时，采样工的注意事项。

（3）汽车上采样时，如何确定子样数目和子样质量？

（4）汽车上采样时，如何分布子样点？

学习活动2　工作前的准备

【学习目标】

（1）阅读采样基础知识，明确学习任务、熟悉采样步骤及过程。

（2）根据煤种、用途、发运量等规定，掌握采样单元、最少子样数目和子样质量的确定。

（3）掌握商品煤样在汽车上采取所使用工具与注意事项。

（4）熟悉采样安全操作规定。

一、材料与资料

《商品煤样人工采取方法》（GB 475—2008）。

二、工具器材

序号	工具或材料名称	单　位	数　量	备　注
1	毛巾			
2	手套			
3	工作服			
4	安全帽			
5	雨鞋			
6	采样铲			
7	采样袋			

三、人员分工

（1）小组负责人。

（2）小组成员分工。

姓　　名	分　　工

四、安全防护措施

五、评价

以小组为单位，展示本组制订的工作计划，然后在教师点评的基础上对工作进行修改完善，并根据以下评分标准进行评分。

评　价　内　容	分值	评　分		
		自我评价	小组评价	教师评价
计划规定是否合理	10			
计划是否全面完善	10			
人员分工是否合理	10			
任务要求是否明确	20			
工具清单是否正确、完整	20			
材料清单是否正确、完整	20			
团结协作	10			
合　计	100			

学习活动 3　现　场　操　作

【学习目标】

（1）熟练掌握本活动安全要求，并能按照安全要求进行操作。

（2）正确使用采样工具和设备。

一、现场操作准备

（1）在汽车上采样前应做哪些准备工作和安全防护措施？

（2）熟悉操作环境，明确现场操作中的注意事项。

二、现场操作

（1）汽车上采样时，能够准确地确定子样点的分布。

（2）根据实际情况，正确的选取汽车车厢。

（3）在汽车上进行熟练的采取商品煤样。

三、清理现场

（1）操作结束后，应进行哪些现场清理工作？

（2）验收人员提出了哪些意见或建议，你是如何回答的？

学 习 活 动 4   总 结 与 评 价

【学习目标】

（1）以小组形式，对学习过程和实训成果进行汇报总结。
（2）完成对学习过程的综合评价。

一、工作总结

以小组为单位，选择演示文稿、展板、录像等形式中的一种或几种向全班展示，汇报学习成果。

二、综合评价

学生姓名：　　　　　教师：　　　　　班级：　　　　　学号：

序号	考评项目	分值	考 核 办 法	教师评价 （权重60%）	组长评价 （权重20%）	学生互评 （权重20%）
1	学习态度	10	出勤率、听课态度、实训表现等			
2	学习能力	30	回答问题、完成学生工作面质量等			
3	操作能力	40	实训成果质量			
4	团结协作精神	20	以所在小组完成工作的质量、 速度等进行综合评价			
	合　计	100				

学习任务三　火车上采样

【学习目标】

（1）通过仔细阅读《商品煤样人工采取方法》（GB 475—2008），明确学习任务。

（2）根据采样安全操作规定和实际情况，合理制定工作（学习）计划。

（3）正确认识火车上采样所使用的各种设备、工具及其功能。

（4）正确操作火车自动采样。

（5）独立完成火车上采样整个过程并填写试验报告单。

【建议课时】

4 课时。

【学习工作流程】

学习活动 1　明确工作任务

学习活动 2　工作前的准备

学习活动 3　现场操作

学习活动 4　总结与评价

学习活动1　明确工作任务

【学习目标】

（1）通过仔细阅读采样安全规定，明确学习任务、课时分配等要求。

（2）准确在火车上分布子样点。

（3）正确理解商品煤样在火车上采取的要求、使用设备、操作工具及工作注意事项。

（4）独立完成在火车上采样的整个操作过程。

【学习过程】

在进行操作前，学生要对火车上采样的要求，使用设备、操作工具、注意事项等内容进行查阅资料，获取了所需知识，然后回答以下问题。

（1）简述火车上采样时，采样工作的安全规程。

（2）简述火车上采样时，采样工的注意事项。

（3）简述在火车上采样时的系统采样法和随机采样法。

（4）简述在火车上采样时子样点的布置方法。

学习活动2 工作前的准备

【学习目标】

（1）阅读《商品煤样人工采取方法》（GB 475—2008），明确学习任务、熟悉采样步骤及过程。

（2）根据煤种、用途、发运量等规定，掌握采样单元、最少子样数目和子样质量的确定。

（3）掌握商品煤样在火车上采取所使用工具与注意事项。

（4）熟悉采样安全操作规定。

一、材料与资料

《商品煤样人工采取方法》（GB 475—2008）。

二、工具器材

序号	工具或材料名称	单 位	数 量	备 注
1	毛巾			
2	手套			
3	工作服			
4	安全帽			
5	雨鞋			
6	采样铲			
7	采样袋			

三、人员分工

（1）小组负责人。

（2）小组成员分工。

姓　名	分　工

四、安全防护措施

五、评价

以小组为单位，展示本组制订的工作计划，然后在教师点评的基础上对工作进行修改完善，并根据以下评分标准进行评分。

评　价　内　容	分值	评　分		
		自我评价	小组评价	教师评价
计划规定是否合理	10			
计划是否全面完善	10			
人员分工是否合理	10			
任务要求是否明确	20			
工具清单是否正确、完整	20			
材料清单是否正确、完整	20			
团结协作	10			
合　计	100			

学习活动3 现 场 操 作

【学习目标】

(1) 熟练掌握本活动安全要求，并能按照安全要求进行操作。

(2) 正确使用火车自动采样系统。

一、现场操作准备

(1) 在火车上采样前应做哪些准备工作和安全防护措施？

(2) 熟悉操作环境，明确火车上采样时的注意事项。

(3) 简述火车上采样时，如何划分采样单元？

(4) 简述火车上系统采样法和随机采样法。

二、现场操作

(1) 能够准确地在火车上进行自动采样操作流程。

(2) 能够准确地在火车上进行手动采样操作流程。

三、清理现场

（1）操作结束后，应进行哪些现场清理工作？

（2）验收人员提出了哪些意见或建议，你是如何回答的？

学习活动4　总结与评价

【学习目标】

（1）以小组形式，对学习过程和实训成果进行汇报总结。

（2）完成对学习过程的综合评价。

一、工作总结

以小组为单位，选择演示文稿、展板、录像等形式中的一种或几种向全班展示，汇报学习成果。

二、综合评价

学生姓名：　　　　　教师：　　　　　班级：　　　　　学号：

序号	考评项目	分值	考核办法	教师评价（权重60%）	组长评价（权重20%）	学生互评（权重20%）
1	学习态度	10	出勤率、听课态度、实训表现等			
2	学习能力	30	回答问题、完成学生工作面质量等			
3	操作能力	40	实训成果质量			
4	团结协作精神	20	以所在小组完成工作的质量、速度等进行综合评价			
	合　计	100				

学习任务四　煤　堆　上　采　样

【学习目标】

(1) 通过仔细阅读《商品煤样人工采取方法》(GB 475—2008)，明确学习任务。

(2) 根据采样现场安全操作流程和实际情况，合理制订工作（学习）计划。

(3) 正确认识煤堆上采样所使用的各种设备、工具及其功能。

(4) 正确操作采样工具。

(5) 独立完成煤堆上采样整个过程并填写试验报告单。

【建议课时】

4 课时。

【学习工作流程】

学习活动 1　明确工作任务

学习活动 2　工作前的准备

学习活动 3　现场操作

学习活动 4　总结与评价

学习活动 1　明　确　工　作　任　务

【学习目标】

(1) 通过仔细阅读采样安全规定，明确学习任务、课时分配等要求。

(2) 准确在煤堆上分布子样点。

(3) 正确理解商品煤样在煤堆上采取的要求、使用设备、操作工具及工作注意事项。

(4) 独立完成在煤堆上采样的整个操作过程。

【学习过程】

在进行操作前，学生要对煤堆上采样的要求，使用设备、操作工具、注意事项等内容进行查阅资料，获取了所需知识，然后回答以下问题。

(1) 简述煤堆上采样时，采样工作的安全规程。

(2) 简述煤堆采上采样时，采样工的注意事项。

（3）根据采样单元，能够计算出子样数目和子样质量。

学习活动2　工作前的准备

【学习目标】

（1）阅读《商品煤样人工采取方法》（GB 475—2008），明确学习任务、熟悉采样步骤及过程。

（2）根据煤种、用途、发运量等规定，掌握采样单元、最少子样数目和子样质量的确定。

（3）掌握商品煤样在煤堆上采取所使用工具与注意事项。

（4）熟悉采样安全操作规定。

一、材料与资料

《商品煤样人工采取方法》（GB 475—2008）。

二、工具器材

序号	工具或材料名称	单　位	数　量	备　注
1	毛巾			
2	手套			
3	工作服			
4	安全帽			
5	雨鞋			
6	采样铲			
7	采样袋			

三、人员分工

（1）小组负责人。

（2）小组成员分工。

姓　名	分　工

四、安全防护措施

五、评价

以小组为单位，展示本组制订的工作计划，然后在教师点评的基础上对工作进行修改完善，并根据以下评分标准进行评分。

评 价 内 容	分值	评　分		
		自我评价	小组评价	教师评价
计划规定是否合理	10			
计划是否全面完善	10			
人员分工是否合理	10			
任务要求是否明确	20			
工具清单是否正确、完整	20			
材料清单是否正确、完整	20			
团结协作	10			
合　计	100			

学习活动 3　现　场　操　作

【学习目标】

（1）熟练掌握本活动安全要求，并能按照安全要求进行操作。

（2）正确使用采样铲采取煤堆煤样。

一、现场准备工作

（1）在煤堆上采样前应做哪些准备工作和安全防护措施？

（2）熟悉操作环境，明确现场操作中的注意事项。

（3）简述煤堆上采样的技术要点。

二、现场操作

（1）准确地说出煤堆上采取商品煤样前的准备工作。

（2）根据实际情况确定煤堆上采取商品煤样的地点和子样数目、质量。

（3）熟练地操作煤堆上采取商品煤样的步骤。

三、清理现场

（1）操作结束后，应进行哪些现场清理工作？

（2）验收人员提出了哪些意见或建议，你是如何回答的？

学习活动 4 总 结 与 评 价

【学习目标】

（1）以小组形式，对学习过程和实训成果进行汇报总结。

（2）完成对学习过程的综合评价。

一、工作总结

以小组为单位，选择演示文稿、展板、录像等形式中的一种或几种向全班展示，汇报学习成果。

二、综合评价

学生姓名：　　　　　教师：　　　　　班级：　　　　　学号：

序号	考评项目	分值	考 核 办 法	教师评价 （权重60%）	组长评价 （权重20%）	学生互评 （权重20%）
1	学习态度	10	出勤率、听课态度、实训表现等			
2	学习能力	30	回答问题、完成学生工作面质量等			
3	操作能力	40	实训成果质量			
4	团结协作精神	20	以所在小组完成工作的质量、速度等进行综合评价			
合　计		100				

模块二　煤层煤样的采取

学习任务一　煤层分层煤样的采取

【学习目标】

（1）通过仔细阅读《煤层煤样采取方法》（GB/T 482—2008），明确学习任务。

（2）根据采样现场安全操作规定和实际情况，合理制订工作（学习）计划。

（3）正确指导生产实际操作，控制生产指标，及时了解生产状况，为选煤生产操作提供依据。

【建议课时】

4课时。

【学习工作流程】

学习活动1　明确工作任务

学习活动2　工作前检查

学习活动3　现场操作

学习活动4　总结与评价

学习活动1　明确工作任务

【学习目标】

（1）通过仔细阅读采样安全操作规定，明确学习任务、课时分配等要求。

（2）明确采取煤层分层煤样的目的和用途。

（3）正确掌握采取煤层分层煤样的总则。

（4）正确掌握煤层分层煤样的采取方法。

（5）独立完成煤层分层煤样采取的整个操作过程。

【学习过程】

在进行操作前，学生对煤层分层煤样的采取目的、用途、总则等内容进行查阅资料，获取所需知识，然后回答以下问题。

（1）煤层分层煤样的定义？

（2）简述采取煤层分层煤样的总则。

（3）煤层分层煤样采样的基本原则是什么？

（4）采取煤层煤样的目的和用途是什么？

学习活动2 工作前的准备

【学习目标】

（1）通过仔细阅读《煤层煤样采取方法》（GB/T 482—2008），明确学习任务、熟悉采样步骤及过程。

（2）掌握煤层分层煤样采取所使用的工具及目的和用途。

（3）熟悉采样安全操作规定。

一、材料与资料

《煤层煤样采取方法》（GB/T 482—2008）。

二、工具器材

序号	工具或材料名称	单　位	数　量	备　注
1	毛巾			
2	手套			
3	工作服			
4	安全帽			
5	雨鞋			
6	采样铲			
7	装煤样口袋			
8	铺布			
9	量具			
10	手锤			

三、人员分工

（1）小组负责人。

（2）小组成员分工。

姓　　名	分　　工

四、安全防护措施

五、评价

以小组为单位，展示本组制订的工作计划，然后在教师点评的基础上对工作进行修改完善，并根据以下评分标准进行评分。

评　价　内　容	分值	评　　分		
		自我评价	小组评价	教师评价
计划规定是否合理	10			
计划是否全面完善	10			
人员分工是否合理	10			
任务要求是否明确	20			
工具清单是否正确、完整	20			
材料清单是否正确、完整	20			
团结协作	10			
合　计	100			

学习活动3 现 场 操 作

【学习目标】

（1）熟练掌握本活动安全要求，并能按照安全要求进行操作。

（2）正确应用煤层分层煤样的采取方法。

一、现场操作准备

（1）在进入操作现场地点前应做哪些准备工作和安全防护措施？

（2）熟悉操作环境，明确现场操作中的注意事项。

二、现场操作

（1）准确地说出煤层分层煤样采取前的准备工作。

（2）根据实际情况确定采取煤层分层煤样的地点并进行采取。

三、清理现场

（1）操作结束后，应进行哪些现场清理工作？

（2）验收人员提出了哪些意见或建议，你是如何回答的？

学习活动4　总结与评价

【学习目标】

（1）以小组形式，对学习过程和实训成果进行汇报总结。

（2）完成对学习过程的综合评价

一、工作总结

以小组为单位，选择演示文稿、展板、录像等形式中的一种或几种向全班展示，汇报学习成果。

二、综合评价

学生姓名：　　　　　教师：　　　　班级：　　　　　学号：

序号	考评项目	分值	考 核 办 法	教师评价（权重60%）	组长评价（权重20%）	学生互评（权重20%）
1	学习态度	10	出勤率、听课态度、实训表现等			
2	学习能力	30	回答问题、完成学生工作面质量等			
3	操作能力	40	实训成果质量			
4	团结协作精神	20	以所在小组完成工作的质量、速度等进行综合评价			
	合　计	100				

学习任务二　煤层可采煤样的采取

【学习目标】

（1）通过仔细阅读《煤层煤样采取方法》（GB/T 482—2008），明确学习任务。

（2）根据采样现场安全操作规定和实际情况，合理制订工作（学习）计划。

（3）正确指导生产实际操作，控制生产指标，及时了解生产状况，为选煤生产操作提供依据。

【建议课时】

4 课时。

【学习工作流程】

学习活动1　明确工作任务

学习活动2　工作前检查

学习活动3　现场操作

学习活动4　总结与评价

学习活动1　明确工作任务

【学习目标】

（1）通过仔细阅读采样安全操作规定，明确学习任务、课时分配等要求。

（2）明确采取煤层可采煤样的目的和用途。

（3）正确掌握采取煤层可采煤样的总则。

（4）正确掌握煤层可采煤样的采取方法。

（5）独立完成煤层可采煤样采取的整个操作过程。

【学习过程】

在进行操作前，学生对煤层可采煤样的采取目的、用途、总则等内容进行查阅资料，获取所需知识，然后回答以下问题。

（1）简述煤层可采煤样的定义。

（2）简述采取煤层可采煤样的总则。

（3）煤层可采煤样采样的基本原则是什么？

（4）采取煤层可采煤样的目的和用途是什么？

学习活动2　工作前的准备

【学习目标】

（1）通过仔细阅读《煤层煤样采取方法》（GB/T 482—2008），明确学习任务、熟悉采样步骤及过程。

（2）掌握煤层可采煤样采取所使用的工具及目的和用途。

（3）熟悉采样安全操作规定。

一、材料与资料

《煤层煤样采取方法》（GB/T 482—2008）。

二、工具器材

序号	工具或材料名称	单　位	数　量	备　注
1	毛巾			
2	手套			
3	工作服			
4	安全帽			
5	雨鞋			
6	采样铲			
7	装煤样口袋			
8	铺布			
9	量具			
10	手锤			

三、人员分工

（1）小组负责人。

（2）小组成员分工。

姓　名	分　工

四、安全防护措施

五、评价

以小组为单位，展示本组制订的工作计划，然后在教师点评的基础上对工作进行修改完善，并根据以下评分标准进行评分。

评 价 内 容	分值	评　分		
		自我评价	小组评价	教师评价
计划规定是否合理	10			
计划是否全面完善	10			
人员分工是否合理	10			
任务要求是否明确	20			
工具清单是否正确、完整	20			
材料清单是否正确、完整	20			
团结协作	10			
合　计	100			

学习活动 3　现　场　操　作

【学习目标】

（1）熟练掌握本活动安全要求，并能按照安全要求进行操作。

（2）正确应用煤层可采煤样的采取方法。

一、现场操作准备

（1）在进入操作现场地点前应做哪些准备工作和安全防护措施？

（2）熟悉操作环境，明确现场操作中的注意事项。

二、现场操作

（1）准确地说出煤层可采煤样采取前的准备工作。

（2）根据实际情况确定采取煤层可采煤样的地点并进行采取。

三、清理现场

（1）操作结束后，应进行哪些现场清理工作？

（2）验收人员提出了哪些意见或建议，你是如何回答的？

学习活动4　总结与评价

【学习目标】

（1）以小组形式，对学习过程和实训成果进行汇报总结。

（2）完成对学习过程的综合评价

一、工作总结

以小组为单位，选择演示文稿、展板、录像等形式中的一种或几种向全班展示，汇报学习成果。

二、综合评价

学生姓名：　　　　　　教师：　　　　　　班级：　　　　　　学号：

序号	考评项目	分值	考 核 办 法	教师评价（权重60%）	组长评价（权重20%）	学生互评（权重20%）
1	学习态度	10	出勤率、听课态度、实训表现等			
2	学习能力	30	回答问题、完成学生工作面质量等			
3	操作能力	40	实训成果质量			
4	团结协作精神	20	以所在小组完成工作的质量、速度等进行综合评价			
	合　计	100				

模块三　生产煤样的采取

学习任务一　选煤厂生产煤样的采取

【学习目标】

(1) 通过仔细阅读《生产煤样采取方法》(MT/T 1034—2006)，明确学习任务。

(2) 根据采样现场安全操作流程和实际情况，合理制订工作（学习）计划。

(3) 按规程完成生产煤样的采取任务。

【建议课时】

4 课时。

【学习工作流程】

学习活动 1　明确工作任务

学习活动 2　工作前的准备

学习活动 3　现场操作

学习活动 4　总结与评价

学习活动 1　明确工作任务

【学习目标】

(1) 通过仔细阅读采样安全规定，明确学习任务、课时分配等要求。

(2) 正确确定生产煤样采样间隔时间和子样质量。

(3) 正确理解生产煤样采取的要求、使用设备、操作工具及工作注意事项。

(4) 独立完成生产煤样采取的整个操作过程。

【学习过程】

在进行操作前，学生要对生产煤样采取的要求，使用设备、操作工具、注意事项等内容进行查阅资料，获取了所需知识，然后回答以下问题。

(1) 简述什么是生产煤样。

（2）采取生产煤样前必须做好哪几项工作？

（3）简述采取生产煤样时，采样工作的安全规程。

（4）简述采取生产煤样时，采样工注意的事项。

学习活动 2　工作前的准备

【学习目标】

（1）阅读《生产煤样采取方法》（MT/T 1034—2006），明确学习任务、熟悉采样步骤及过程。

（2）掌握选煤厂生产检查煤样采取所使用的工具与注意事项。

（3）熟悉采样安全操作规定。

（4）掌握选煤厂生产检查煤样的采取点及采样方法。

一、材料与资料

《生产煤样采取方法》（MT/T 1034—2006）。

二、工具器材

序号	工具或材料名称	单　位	数　量	备　注
1	毛巾			
2	手套			
3	工作服			
4	安全帽			
5	雨鞋			
6	采样铲			
7	煤样袋			
8	垫布或铁皮			
9	称量工具			
10	圆孔筛或方孔筛			

三、人员分工

（1）小组负责人。

（2）小组成员分工。

姓　名	分　工

四、安全防护措施

五、评价

以小组为单位，展示本组制订的工作计划，然后在教师点评的基础上对工作进行修改完善，并根据以下评分标准进行评分。

评 价 内 容	分值	评　分		
		自我评价	小组评价	教师评价
计划规定是否合理	10			
计划是否全面完善	10			
人员分工是否合理	10			
任务要求是否明确	20			
工具清单是否正确、完整	20			
材料清单是否正确、完整	20			
团结协作	10			
合　计	100			

<h1 style="text-align:center">学习活动3 现 场 操 作</h1>

【学习目标】

（1）熟练掌握本活动安全要求，并能按照安全要求进行操作。

（2）正确使用采样器。

一、现场操作准备

（1）在进入操作现场地点前应做哪些准备工作和安全防护措施？

（2）熟悉操作环境，明确现场操作中的注意事项。

二、现场操作

（1）准确地说出采取生产煤样前的各项准备工作。

（2）根据实际情况确定采取生产煤样的最大时间间隔和子样最小质量。

（3）在生产现场熟练操作采取生产煤样的步骤。

三、清理现场

（1）操作结束后，应进行哪些现场清理工作？

（2）验收人员提出了哪些意见或建议，你是如何回答的？

学习活动4 总结与评价

【学习目标】

（1）以小组形式，对学习过程和实训成果进行汇报总结。

（2）完成对学习过程的综合评价。

一、工作总结

以小组为单位，选择演示文稿、展板、录像等形式中的一种或几种向全班展示，汇报学习成果。

二、综合评价

学生姓名：　　　　　　教师：　　　　　　班级：　　　　　　学号：

序号	考评项目	分值	考 核 办 法	教师评价（权重60%）	组长评价（权重20%）	学生互评（权重20%）
1	学习态度	10	出勤率、听课态度、实训表现等			
2	学习能力	30	回答问题、完成学生工作面质量等			
3	操作能力	40	实训成果质量			
4	团结协作精神	20	以所在小组完成工作的质量、速度等进行综合评价			
	合　计	100				

学习任务二　矿井生产检查煤样的采取

【学习目标】

（1）通过仔细阅读《矿井生产检查煤样采取方法》（MT/T 621—2006），明确学习任务。

（2）根据采样现场安全操作规程和实际情况，合理制订工作（学习）计划。

（3）规范完成矿井生产煤样的采样任务。

【建议课时】

4 课时。

【学习工作流程】

学习活动 1　明确工作任务

学习活动 2　工作前的准备

学习活动 3　现场操作

学习活动 4　总结与评价

学习活动 1　明确工作任务

【学习目标】

（1）通过仔细阅读采样安全规定，明确学习任务、课时分配等要求。

（2）正确确定采样时间、子样数目和子样质量。

（3）正确理解矿井生产检查煤样采取的要求、使用设备、操作工具及工作注意事项。

（4）能独立完成矿井生产检查煤样采取的整个操作过程。

【学习过程】

在进行操作前，学生要对矿井生产检查煤样采取的要求，使用设备、操作工具、注意事项等内容进行查阅资料，获取了所需知识，然后回答以下问题。

（1）简述采取矿井生产检查煤样时，采样工作的安全规程。

（2）简述采取矿井生产检查煤样时，采样工注意的事项。

（3）简述采取矿井生产检查煤样时，采样间隔时间、子样数目、子样质量和采样地点的确定。

学习活动 2　工 作 前 的 准 备

【学习目标】

（1）阅读《矿井生产检查煤样采取方法》（MT/T 621—2006），明确学习任务、熟悉采样步骤及过程。

（2）掌握矿井生产检查煤样采取所使用的工具与采样时间、采样数目和子样质量的确定。

（3）熟悉采样安全操作规定。

（4）掌握矿井生产检查煤样的采取地点及采取步骤。

一、材料与资料

《矿井生产检查煤样采取方法》（MT/T 621—2006）。

二、工具器材

序号	工具或材料名称	单　位	数　量	备　注
1	毛巾			
2	手套			
3	工作服			
4	安全帽			
5	雨鞋			
6	采样铲			
7	煤样			
8	垫布或铁皮			
9	称量工具			
10	圆孔筛或方孔筛			

三、人员分工

（1）小组负责人。

（2）小组成员分工。

姓　名	分　工

四、安全防护措施

五、评价

以小组为单位，展示本组制订的工作计划，然后在教师点评的基础上对工作进行修改完善，并根据以下评分标准进行评分。

评 价 内 容	分值	评 分		
		自我评价	小组评价	教师评价
计划规定是否合理	10			
计划是否全面完善	10			
人员分工是否合理	10			
任务要求是否明确	20			
工具清单是否正确、完整	20			
材料清单是否正确、完整	20			
团结协作	10			
合　计	100			

学习活动3　现　场　操　作

【学习目标】

（1）熟练掌握本活动安全要求，并能按照安全要求进行操作。

（2）熟练操作，采样方法正确规范。

一、现场操作准备

（1）在进入操作现场地点前应做哪些准备工作和安全防护措施？

（2）熟悉操作环境，明确现场操作中的注意事项。

（3）熟悉矿井生产检查煤样采取时间、采样地点、子样数目和子样质量要点。

二、现场操作

（1）准确地说出矿井生产检查煤样采取前的准备工作。

（2）准确熟练地操作井下采取生产检查煤样时的步骤。

三、清理现场

（1）操作结束后，应进行哪些现场清理工作？

（2）验收人员提出了哪些意见或建议，你是如何回答的？

学习活动4 总结与评价

【学习目标】

（1）以小组形式，对学习过程和实训成果进行汇报总结。

（2）完成对学习过程的综合评价。

一、工作总结

以小组为单位，选择演示文稿、展板、录像等形式中的一种或几种向全班展示，汇报学习成果。

二、综合评价

学生姓名：　　　　教师：　　　　班级：　　　　学号：

序号	考评项目	分值	考 核 办 法	教师评价 （权重60%）	组长评价 （权重20%）	学生互评 （权重20%）
1	学习态度	10	出勤率、听课态度、实训表现等			
2	学习能力	30	回答问题、完成学生工作面质量等			
3	操作能力	40	实训成果质量			
4	团结协作精神	20	以所在小组完成工作的质量、 速度等进行综合评价			
	合　计	100				

模块四 煤样的破碎

学习任务一 颚式破碎机的操作

【学习目标】

（1）通过仔细阅读《煤样的制备方法》（GB/T 474—2008），明确学习任务。

（2）根据制样安全操作规定和实际情况，合理制订工作（学习）计划。

（3）正确认识颚式破碎机的工作原理、主要结构及技术参数。

（4）独立完成颚式破碎机的操作。

（5）正确完成颚式破碎机的安装与检修（高级工），并填写试验报告单。

【建议课时】

6 课时。

【学习工作流程】

学习活动 1　明确工作任务

学习活动 2　工作前检查

学习活动 3　现场操作

学习活动 4　总结与评价

学习活动 1　明确工作任务

【学习目标】

（1）通过仔细阅读制样安全规定，明确学习任务、课时分配等要求。

（2）正确认识颚式破碎机的工作原理、主要结构及技术参数。

（3）独立完成颚式破碎机的操作。

（4）正确完成颚式破碎机的安装与检修（高级工），并填写试验报告单。

【学习过程】

在进行操作前，学生要对颚式破碎机的发展历史、分类等内容进行查阅资料，获取了所需知识，然后回答以下问题。

（1）颚式破碎机由哪几部分组成，各部分的功能是什么？

（2）简述颚式破碎机的型号及意义。

（3）简述颚式破碎机的技术参数。

（4）简述颚式破碎机的工作原理。

（5）简述颚式破碎机的主要结构。

学习活动2　工作前的准备

【学习目标】

（1）阅读制样基础知识，明确学习任务、熟悉制样步骤及过程。

（2）根据煤样缩制程序及缩制要点，熟练操作各指标用样的制备。

（3）熟悉制样安全操作规定。

一、设备

颚式破碎机（EP－Ⅱ型）

二、材料与资料

《煤样的制备方法》（GB/T 474—2008）。

三、工具器材

序号	工具或材料名称	单　位	数　量	备　注
1	毛巾			
2	手套			
3	工作服			
4	安全帽			
5	雨鞋			
6	二分器			
7	锤子、钢板、钢碾			
8	十字分样板			
9	铁锹			
10	镀锌铁盘			
11	毛刷			
12	台称			
13	托盘天平			
14	标准筛			

四、人员分工

（1）小组负责人。

（2）小组成员分工。

姓　名	分　工

五、安全防护措施

六、评价

以小组为单位，展示本组制订的工作计划，然后在教师点评的基础上对工作进行修改完善，并根据以下评分标准进行评分。

评 价 内 容	分值	评 分		
		自我评价	小组评价	教师评价
计划规定是否合理	10			
计划是否全面完善	10			
人员分工是否合理	10			
任务要求是否明确	20			
工具清单是否正确、完整	20			
材料清单是否正确、完整	20			
团结协作	10			
合　计	100			

学习活动3　现　场　操　作

【学习目标】

（1）熟练掌握本活动安全操作规程，并能按照安全要求进行操作。

（2）正确使用颚式破碎机。

（3）熟练操作颚式破碎机的安装与使用，并能进一步检查出颚式破碎机常见故障及原因，从而排除。

一、现场操作准备

（1）在进入操作现场地点前应做哪些准备工作和安全防护措施？

（2）熟悉操作环境，明确现场操作中的注意事项。

二、现场操作

（1）依据颚式破碎机的操作规程操作颚式破碎机。

（2）总结颚式破碎机安全操作的注意事项。

（3）查阅资料，了解颚式破碎机常见的故障及原因，从而找到排除方法。

（4）收集事故案例，分析事故产生的原因并制定防范措施。

三、清理现场

（1）操作结束后，应进行哪些现场清理工作？

（2）验收人员提出了哪些意见或建议，你是如何回答的？

学 习 活 动 4　总 结 与 评 价

【学习目标】

（1）以小组形式，对学习过程和实训成果进行汇报总结。

（2）完成对学习过程的综合评价。

一、工作总结

以小组为单位，选择演示文稿、展板、录像等形式中的一种或几种向全班展示，汇报学习成果。

二、综合评价

学生姓名：　　　　　教师：　　　　　班级：　　　　　学号：

序号	考评项目	分值	考 核 办 法	教师评价 （权重60%）	组长评价 （权重20%）	学生互评 （权重20%）
1	学习态度	10	出勤率、听课态度、实训表现等			
2	学习能力	30	回答问题、完成学生工作面质量等			
3	操作能力	40	实训成果质量			
4	团结协作精神	20	以所在小组完成工作的质量、速度等进行综合评价			
	合　计	100				

学习任务二　锤式破碎机的操作

【学习目标】

（1）通过仔细阅读制样基础知识，明确学习任务。

（2）根据制样安全操作规定和实际情况，合理制订工作（学习）计划。

（3）正确认识锤式破碎机的结构及性能。

（4）独立完成锤式破碎机的操作与维护。

（5）正确掌握锤式破碎机的常见故障、原因及排除方法（高级工），并填写试验报告单。

【建议课时】

6 课时。

【学习工作流程】

学习活动 1 明确工作任务

学习活动 2 工作前检查

学习活动 3 现场操作

学习活动 4 总结与评价

学习活动 1 明确工作任务

【学习目标】

（1）通过仔细阅读制样安全规定，明确学习任务、课时分配等要求。

（2）正确认识锤式破碎机的结构、工作原理及技术性能。

（3）独立完成锤式破碎机的操作与维护。

（4）正确掌握锤式破碎机的常见故障、原因及排除方法（高级工），并填写试验报告单。

【学习过程】

在进行操作前，学生要对锤式破碎机的发展历史、分类等内容进行查阅资料，获取了所需知识，然后回答以下问题。

（1）锤式破碎机由哪几部分组成，各部分的功能是什么？

（2）简述锤式破碎机的型号及意义。

（3）简述锤式破碎机的技术参数。

（4）简述锤式破碎机的工作原理。

（5）简述锤式破碎机的主要结构。

学习活动2 工作前的准备

【学习目标】

（1）阅读《煤样的制备方法》（GB/T 474—2008），明确学习任务、熟悉制样步骤及过程。

（2）根据煤样缩制程序及缩制要点，熟练操作各指标用样的制备。

（3）熟悉制样安全操作规定。

一、设备

锤式破碎机（PZC－180×150型）。

二、材料与资料

《煤样的制备方法》（GB/T 474—2008）。

三、工具器材

序号	工具或材料名称	单 位	数 量	备 注
1	毛巾			
2	手套			
3	工作服			
4	安全帽			
5	雨鞋			
6	二分器			
7	锤子、钢板、钢碾			
8	十字分样板			
9	铁锹			
10	镀锌铁盘			
11	毛刷			
12	台称			
13	托盘天平			
14	标准筛			

四、人员分工

（1）小组负责人。

（2）小组成员分工。

姓　名	分　工

五、安全防护措施

六、评价

以小组为单位，展示本组制订的工作计划，然后在教师点评的基础上对工作进行修改完善，并根据以下评分标准进行评分。

评价内容	分值	评分		
		自我评价	小组评价	教师评价
计划规定是否合理	10			
计划是否全面完善	10			
人员分工是否合理	10			
任务要求是否明确	20			
工具清单是否正确、完整	20			
材料清单是否正确、完整	20			
团结协作	10			
合　计	100			

学习活动3 现 场 操 作

【学习目标】

（1）熟练掌握本活动安全操作规程，并能按照安全要求进行操作。

（2）正确使用锤式破碎机。

（3）熟练操作锤式破碎机的安装与使用，并能进一步检查出锤式破碎机常见故障及原因，从而排除。

一、现场操作准备

（1）在进入操作现场地点前应做哪些准备工作和安全防护措施？

（2）熟悉操作环境，明确现场操作中的注意事项。

二、现场操作

（1）依据锤式破碎机的操作规程操作锤式破碎机。

（2）总结锤式破碎机安全操作的注意事项。

（3）查阅资料，了解锤式破碎机常见的故障及原因，从而找到排除方法。

（4）收集事故案例，分析事故产生的原因并制定防范措施。

三、清理现场

（1）操作结束后，应进行哪些现场清理工作？

（2）验收人员提出了哪些意见或建议，你是如何回答的？

学习活动4 总结与评价

【学习目标】

（1）以小组形式，对学习过程和实训成果进行汇报总结。

（2）完成对学习过程的综合评价。

一、工作总结

以小组为单位，选择演示文稿、展板、录像等形式中的一种或几种向全班展示，汇报学习成果。

二、综合评价

学生姓名： 教师： 班级： 学号：

序号	考评项目	分值	考核办法	教师评价 （权重60%）	组长评价 （权重20%）	学生互评 （权重20%）
1	学习态度	10	出勤率、听课态度、实训表现等			
2	学习能力	30	回答问题、完成学生工作面质量等			
3	操作能力	40	实训成果质量			
4	团结协作精神	20	以所在小组完成工作的质量、 速度等进行综合评价			
	合　计	100				

学习任务三　双辊破碎机的操作

【学习目标】

（1）通过仔细阅读《煤样的制备方法》(GB/T 474—2008)，明确学习任务。

（2）根据制样安全操作规定和实际情况，合理制订工作（学习）计划。

（3）正确认识双辊破碎机的工作原理、结构性能及技术参数。

（4）独立完成双辊破碎机的安装与使用。

（5）正确掌握双辊破碎机的常见故障、原因及排除方法（高级工），并填写试验报告单。

【建议课时】

4 课时。

【学习工作流程】

学习活动 1　明确工作任务

学习活动 2　工作前检查

学习活动 3　现场操作

学习活动 4　总结与评价

学习活动 1　明确工作任务

【学习目标】

（1）通过仔细阅读制样安全规定，明确学习任务、课时分配等要求。

（2）正确认识双辊破碎机的工作原理、结构性能及技术参数。

（3）独立完成双辊破碎机的安装与使用。

（4）正确掌握双辊破碎机的常见故障、原因及排除方法（高级工），并填写试验报告单。

【学习过程】

在进行操作前，学生要对双辊破碎机的发展历史、分类等内容进行查阅资料，获取了所需知识，然后回答以下问题。

（1）双辊破碎机由哪几部分组成，各部分的功能是什么？

（2）简述双辊破碎机的型号及意义。

（3）简述双辊破碎机的技术参数。

（4）简述双辊破碎机的工作原理。

（5）简述双辊破碎机的主要结构。

学习活动 2 工作前的准备

【学习目标】

（1）阅读《煤样的制备方法》（GB/T 474—2008），明确学习任务、熟悉制样步骤及过程。

（2）根据煤样缩制程序及缩制要点，熟练操作各指标用样的制备。

（3）熟悉制样安全操作规定。

一、设备

双辊破碎机。

二、材料与资料

《煤样的制备方法》（GB/T 474—2008）。

三、工具器材

序号	工具或材料名称	单 位	数 量	备 注
1	毛巾			
2	手套			
3	工作服			
4	安全帽			
5	雨鞋			
6	二分器			
7	锤子、钢板、钢碾			
8	十字分样板			
9	铁锹			
10	镀锌铁盘			
11	毛刷			
12	台称			
13	托盘天平			
14	标准筛			

四、人员分工

（1）小组负责人。

（2）小组成员分工。

姓　名	分　工

五、安全防护措施

六、评价

以小组为单位，展示本组制订的工作计划，然后在教师点评的基础上对工作进行修改完善，并根据以下评分标准进行评分。

评 价 内 容	分值	评　分		
		自我评价	小组评价	教师评价
计划规定是否合理	10			
计划是否全面完善	10			
人员分工是否合理	10			
任务要求是否明确	20			
工具清单是否正确、完整	20			
材料清单是否正确、完整	20			
团结协作	10			
合　计	100			

学习活动3 现 场 操 作

【学习目标】

（1）熟练掌握本活动安全操作规程，并能按照安全要求进行操作。

（2）正确使用双辊破碎机。

（3）熟练操作双辊破碎机的安装与使用，并能进一步检查出双辊破碎机常见故障及原因，从而排除。

一、现场操作准备

（1）在进入操作现场地点前应做哪些准备工作和安全防护措施？

（2）熟悉操作环境，明确现场操作中的注意事项。

二、现场操作

（1）依据双辊破碎机的操作规程操作双辊破碎机。

（2）总结双辊破碎机安全操作的注意事项。

（3）查阅资料，了解双辊破碎机常见的故障及原因，从而找到排除方法。

（4）收集事故案例，分析事故产生的原因并制定防范措施。

三、清理现场

（1）操作结束后，应进行哪些现场清理工作？

（2）验收人员提出了哪些意见或建议，你是如何回答的？

学习活动4 总结与评价

【学习目标】

（1）以小组形式，对学习过程和实训成果进行汇报总结。

（2）完成对学习过程的综合评价。

一、工作总结

以小组为单位，选择演示文稿、展板、录像等形式中的一种或几种向全班展示，汇报学习成果。

二、综合评价

学生姓名：　　　　教师：　　　　班级：　　　　学号：

序号	考评项目	分值	考 核 办 法	教师评价（权重60%）	组长评价（权重20%）	学生互评（权重20%）
1	学习态度	10	出勤率、听课态度、实训表现等			
2	学习能力	30	回答问题、完成学生工作面质量等			
3	操作能力	40	实训成果质量			
4	团结协作精神	20	以所在小组完成工作的质量、速度等进行综合评价			
	合　计	100				

学习任务四　密封式粉碎机的操作

【学习目标】

（1）通过仔细阅读《煤样的制备方法》（GB/T 474—2008），明确学习任务。

（2）根据制样安全操作规定和实际情况，合理制订工作（学习）计划。

（3）正确认识密封式粉碎机的结构特征及技术参数。

（4）独立完成密封式粉碎机的使用。

（5）正确掌握密封式粉碎机的常见故障、原因及排除方法（高级工），并填写试验报告单。

【建议课时】

4 课时。

【学习工作流程】

学习活动1　明确工作任务

学习活动2　工作前检查

学习活动3　现场操作

学习活动4　总结与评价

学习活动1　明确工作任务

【学习目标】

（1）通过仔细阅读制样安全规定，明确学习任务、课时分配等要求。

（2）正确认识密封式粉碎机的结构特征及技术参数。

（3）独立完成密封式粉碎机的使用。

（4）正确掌握密封式粉碎机的常见故障、原因及排除方法（高级工），并填写试验报告单。

【学习过程】

在进行操作前，学生要对密封式粉碎机的发展历史、分类等内容进行查阅资料，获取了所需知识，然后回答以下问题。

（1）密封式粉碎机由哪几部分组成，各部分的功能是什么？

（2）简述密封式粉碎机的型号及意义。

（3）简述密封式粉碎机的技术参数。

（4）简述密封式粉碎机的工作原理。

（5）简述密封式粉碎机的主要结构。

学习活动2 工作前的准备

【学习目标】

（1）阅读《煤样的制备方法》（GB/T 474—2008），明确学习任务、熟悉制样步骤及过程。

（2）根据煤样缩制程序及缩制要点，熟练操作各指标用样的制备。

（3）熟悉制样安全操作规定。

一、设备

密封式粉碎机。

二、材料与资料

《煤样的制备方法》（GB/T 474—2008）。

三、工具器材

序号	工具或材料名称	单　位	数　量	备　注
1	毛巾			
2	手套			
3	工作服			
4	安全帽			
5	雨鞋			
6	二分器			
7	锤子、钢板、钢碾			
8	十字分样板			
9	铁锹			
10	镀锌铁盘			
11	毛刷			
12	台称			
13	托盘天平			
14	标准筛			

四、人员分工

（1）小组负责人。

（2）小组成员分工。

姓　名	分　工

五、安全防护措施

六、评价

以小组为单位，展示本组制订的工作计划，然后在教师点评的基础上对工作进行修改完善，并根据以下评分标准进行评分。

评价内容	分值	评分		
		自我评价	小组评价	教师评价
计划规定是否合理	10			
计划是否全面完善	10			
人员分工是否合理	10			
任务要求是否明确	20			
工具清单是否正确、完整	20			
材料清单是否正确、完整	20			
团结协作	10			
合　计	100			

学习活动3　现　场　操　作

【学习目标】

（1）熟练掌握本活动安全操作规程，并能按照安全要求进行操作。

（2）正确使用密封式粉碎机。

（3）熟练操作密封式粉碎机的安装与使用，并能进一步检查出密封式粉碎机常见故障及原因，从而排除。

一、现场操作准备

（1）在进入操作现场地点前应做哪些准备工作和安全防护措施？

（2）熟悉操作环境，明确现场操作中的注意事项。

二、现场操作

（1）依据密封式粉碎机的操作规程，能够熟练操作密封式粉碎机。

（2）总结密封式粉碎机安全操作的注意事项。

（3）查阅资料，了解密封式粉碎机常见的故障及原因，从而找到排除方法。

（4）收集事故案例，分析事故产生的原因并制定防范措施。

三、清理现场

（1）操作结束后，应进行哪些现场清理工作？

（2）验收人员提出了哪些意见或建议，你是如何回答的？

学习活动4 总 结 与 评 价

【学习目标】

（1）以小组形式，对学习过程和实训成果进行汇报总结。

（2）完成对学习过程的综合评价。

一、工作总结

以小组为单位，选择演示文稿、展板、录像等形式中的一种或几种向全班展示，汇报学习成果。

二、综合评价

学生姓名： 教师： 班级： 学号：

序号	考评项目	分值	考 核 办 法	教师评价（权重60%）	组长评价（权重20%）	学生互评（权重20%）
1	学习态度	10	出勤率、听课态度、实训表现等			
2	学习能力	30	回答问题、完成学生工作面质量等			
3	操作能力	40	实训成果质量			
4	团结协作精神	20	以所在小组完成工作的质量、速度等进行综合评价			
	合 计	100				

模块五　煤　样　的　筛　分

学习任务一　大筛分试验操作

【学习目标】

（1）通过仔细阅读《煤炭筛分试验方法》（GB/T 477—2008）明确学习任务。

（2）根据制样安全操作规定和实际情况，合理制订工作（学习）计划。

（3）正确认识大筛分试验的工作原理、大筛分试验要求及操作步骤。

（4）独立完成大筛分试验的操作。

【建议课时】

6课时。

【学习工作流程】

学习活动1　明确工作任务

学习活动2　工作前的准备

学习活动3　现场操作

学习活动4　总结与评价

学习活动1　明确工作任务

【学习目标】

（1）通过仔细阅读制样安全规定，明确学习任务、课时分配等要求。

（2）正确认识大筛分试验的工作原理、大筛分试验要求及操作步骤。

（3）独立完成大筛分试验的操作。

（4）正确认识大筛分试验的操作，并填写大筛分试验报告单。

【学习过程】

在进行操作前，学生要对大筛分试验操作的要求及注意事项等内容进行查阅资料，获取了所需知识，然后回答以下问题。

（1）简述进行大筛分试验时，操作人员的安全规程。

（2）简述进行大筛分试验时，操作人员的注意事项。

（3）大筛分试验对煤样的采取方法有什么规定。

（4）简述大筛分试验设备的工作原理及要求。

（5）简述大筛分试验的目的和内容。

学习活动2 工作前的准备

【学习目标】

（1）阅读《生产煤样采取方法》（MT/T 1034—2006），明确学习任务、熟悉大筛分试验步骤及过程。

（2）根据煤样大筛分试验要求，熟练操作大筛分试验的步骤。

（3）熟悉制样安全操作规定。

一、材料与资料

《煤炭筛分试验方法》（GB/T 477—2008）、《生产煤样采取方法》（MT/T 1034—2006）。

二、工具器材

序号	工具或材料名称	单　位	数　量	备　注
1	毛巾			
2	手套			
3	工作服			
4	安全帽			
5	雨鞋			
6	二分器			
7	锤子、钢板、钢碾			
8	十字分样板			
9	铁锹			
10	镀锌铁盘			
11	毛刷			
12	台称			
13	托盘天平			
14	标准筛			

三、人员分工

（1）小组负责人。

（2）小组成员分工。

姓　　名	分　　工

四、安全防护措施

五、评价

以小组为单位，展示本组制订的工作计划，然后在教师点评的基础上对工作进行修改完善，并根据以下评分标准进行评分。

评价内容	分值	评分		
		自我评价	小组评价	教师评价
计划规定是否合理	10			
计划是否全面完善	10			
人员分工是否合理	10			
任务要求是否明确	20			
工具清单是否正确、完整	20			
材料清单是否正确、完整	20			
团结协作	10			
合 计	100			

学习活动3 现场操作

【学习目标】

（1）熟练掌握本活动安全操作规定，并能按照安全要求进行操作。

（2）正确使用筛子、台秤，同时掌握注意事项。

（3）熟练掌握大筛分试验操作过程，并能进一步分析试验结果。

一、现场操作准备

（1）在进入操作现场地点前应做哪些准备工作和安全防护措施？

（2）熟悉操作环境，明确现场操作中的注意事项。

二、现场操作

（1）准确地说出进行大筛分试验前的准备工作。

（2）正确操作大筛分试验的整个流程（干燥煤样）。

（3）大筛分试验结束后，进一步分析试验结果。

三、清理现场

（1）操作结束后，应进行哪些现场清理工作？

（2）验收人员提出了哪些意见或建议，你是如何回答的？

160

学习活动4 总结与评价

【学习目标】

（1）以小组形式，对学习过程和实训成果进行汇报总结。

（2）完成对学习过程的综合评价

一、工作总结

以小组为单位，选择演示文稿、展板、录像等形式中的一种或几种向全班展示，汇报学习成果。

二、综合评价

学生姓名：　　　　教师：　　　　班级：　　　　学号：

序号	考评项目	分值	考 核 办 法	教师评价（权重60%）	组长评价（权重20%）	学生互评（权重20%）
1	学习态度	10	出勤率、听课态度、实训表现等			
2	学习能力	30	回答问题、完成学生工作面质量等			
3	操作能力	40	实训成果质量			
4	团结协作精神	20	以所在小组完成工作的质量、速度等进行综合评价			
	合　计	100				

学习任务二　小筛分试验操作

【学习目标】

（1）通过仔细阅读《煤炭筛分试验方法》(GB/T 477—2008)，明确学习任务。

（2）根据制样安全操作规定和实际情况，合理制订工作（学习）计划。

（3）正确认识小筛分试验的工作原理、小筛分试验要求及操作步骤。

（4）独立完成小筛分试验的操作。

【建议课时】

4课时。

【学习工作流程】

学习活动1　明确工作任务

学习活动2　工作前的准备

学习活动3　现场操作

学习活动4　总结与评价

学习活动 1 明 确 工 作 任 务

【学习目标】

(1) 通过仔细阅读制样安全规定，明确学习任务、课时分配等要求。

(2) 正确认识小筛分试验的工作原理、小筛分试验要求及操作步骤。

(3) 独立完成小筛分试验的操作。

(4) 正确认识小筛分试验的操作，并填写小筛分试验结果表。

【学习过程】

在进行操作前，学生要对小筛分试验操作的要求及注意事项等内容进行查阅资料，获取了所需知识，然后回答以下问题。

(1) 简述进行小筛分试验时，操作人员的安全规程。

(2) 简述进行小筛分试验时，操作人员的注意事项。

(3) 小筛分试验对煤样的采取方法有什么规定。

(4) 简述小筛分试验的工作原理及要求。

(5) 简述小筛分试验的目的和内容。

学习活动 2　工作前的准备

【学习目标】

（1）阅读《煤炭筛分试验方法》（GB/T 477—2008），明确学习任务、熟悉小筛分试验步骤及过程。

（2）根据煤样小筛分试验要求，熟练操作小筛分试验的步骤。

（3）熟悉制样安全操作规定。

一、材料与资料

《煤炭筛分试验方法》（GB/T 477—2008）。

二、工具器材

序号	工具或材料名称	单　位	数　量	备　注
1	毛巾			
2	手套			
3	工作服			
4	安全帽			
5	雨鞋			
6	振筛机			
7	恒温箱			
8	托盘天平			
9	烧杯			
10	镀锌铁盘			
11	玻璃棒			
12	扁毛刷			
13	标准筛			

三、人员分工

（1）小组负责人。

（2）小组成员分工。

姓　名	分　工

四、安全防护措施

五、评价

以小组为单位，展示本组制订的工作计划，然后在教师点评的基础上对工作进行修改完善，并根据以下评分标准进行评分。

评　价　内　容	分值	评　分		
		自我评价	小组评价	教师评价
计划规定是否合理	10			
计划是否全面完善	10			
人员分工是否合理	10			
任务要求是否明确	20			
工具清单是否正确、完整	20			
材料清单是否正确、完整	20			
团结协作	10			
合　计	100			

学习活动3　现　场　操　作

【学习目标】

（1）熟练掌握本活动安全操作规定，并能按照安全要求进行操作。

（2）正确使用所需设备及工具，同时掌握注意事项。

（3）熟练掌握小筛分试验操作过程，并能进一步分析试验结果。

一、现场操作准备

（1）在进入操作现场地点前应做哪些准备工作和安全防护措施？

（2）熟悉操作环境，明确现场操作中的注意事项。

二、现场操作

（1）准确地说出进行小筛分试验前的准备工作。

（2）正确操作小筛分试验的整个流程。

（3）小筛分试验结束后，进一步分析试验结果。

三、清理现场

（1）操作结束后，应进行哪些现场清理工作？

（2）验收人员提出了哪些意见或建议，你是如何回答的？

学习活动4 总结与评价

【学习目标】
（1）以小组形式，对学习过程和实训成果进行汇报总结。
（2）完成对学习过程的综合评价。

一、工作总结

以小组为单位，选择演示文稿、展板、录像等形式中的一种或几种向全班展示，汇报学习成果。

二、综合评价

学生姓名：　　　教师：　　　班级：　　　学号：

序号	考评项目	分值	考 核 办 法	教师评价（权重60%）	组长评价（权重20%）	学生互评（权重20%）
1	学习态度	10	出勤率、听课态度、实训表现等			
2	学习能力	30	回答问题、完成学生工作面质量等			
3	操作能力	40	实训成果质量			
4	团结协作精神	20	以所在小组完成工作的质量、速度等进行综合评价			
	合　计	100				

模块六　煤 样 的 缩 分

学习任务一　二分器缩分煤样

【学习目标】

（1）通过仔细阅读《煤样的制备方法》（GB 474—2008），明确学习任务。

（2）根据制样安全操作规定和实际情况，合理制订工作（学习）计划。

（3）正确认识二分器缩分的结构、技术性能及使用方法。

（4）独立完成二分器缩分煤样的操作。

【建议课时】

6课时。

【学习工作流程】

学习活动1　明确工作任务

学习活动2　工作前的准备

学习活动3　现场操作

学习活动4　总结与评价

学习活动1　明确工作任务

【学习目标】

（1）通过仔细阅读制样安全规定，明确学习任务、课时分配等要求。

（2）正确认识二分器的结构、技术性能及使用方法。

（3）独立完成二分器缩分煤样的操作。

（4）正确认识二分器缩分煤样的操作过程后，认真填写试验报告单。

【学习过程】

在进行操作前，学生要对二分器缩分煤样的设备结构及技术性能，二分器操作的要求及注意事项等内容进行查阅资料，获取了所需知识，然后回答以下问题。

（1）简述二分器缩分煤样时，操作人员的安全规程。

（2）简述二分器缩分煤样时，操作人员的注意事项。

（3）简述二分器的结构及技术性能。

（4）简述二分器缩分煤样的目的和内容。

学习活动2　工作前的准备

【学习目标】

（1）阅读《煤样的制备方法》(GB 474—2008)，明确学习任务、熟悉二分器的结构及技术性能。

（2）根据二分器的使用方法，熟练缩分煤样的步骤。

（3）熟悉制样安全操作规定。

一、材料与资料

《煤样的制备方法》(GB 474—2008)。

二、工具器材

序号	工具或材料名称	单 位	数 量	备 注
1	毛巾			
2	手套			
3	工作服			
4	安全帽			
5	雨鞋			
6	二分器 （由分样槽、分样斗、接样器、架子和簸箕组成）			

三、人员分工

（1）小组负责人。

（2）小组成员分工。

姓　　名	分　　工

四、安全防护措施

五、评价

以小组为单位，展示本组制订的工作计划，然后在教师点评的基础上对工作进行修改完善，并根据以下评分标准进行评分。

评 价 内 容	分值	评　　分		
		自我评价	小组评价	教师评价
计划规定是否合理	10			
计划是否全面完善	10			
人员分工是否合理	10			
任务要求是否明确	20			
工具清单是否正确、完整	20			
材料清单是否正确、完整	20			
团结协作	10			
合　　计	100			

学习活动 3　现　场　操　作

【学习目标】

（1）熟练掌握本活动安全操作规定，并能按照安全要求进行操作。

（2）正确使用二分器，同时掌握二分器使用要点。

（3）熟练掌握二分器缩分煤样的过程，并能进一步分析试验结果。

一、现场操作准备

（1）在进入操作现场地点前应做哪些准备工作和安全防护措施？

（2）熟悉操作环境，明确现场操作中的注意事项。

二、现场操作

（1）准确地说出二分器缩分煤样前的准备工作。

（2）熟知二分器缩分煤样的方法和要点。

（3）熟练操作二分器缩分煤样的整个流程。

三、清理现场

（1）操作结束后，应进行哪些现场清理工作？

（2）验收人员提出了哪些意见或建议，你是如何回答的？

学习活动4 总结与评价

【学习目标】

（1）以小组形式，对学习过程和实训成果进行汇报总结。

（2）完成对学习过程的综合评价。

一、工作总结

以小组为单位，选择演示文稿、展板、录像等形式中的一种或几种向全班展示，汇报学习成果。

二、综合评价

学生姓名： 教师： 班级： 学号：

序号	考评项目	分值	考 核 办 法	教师评价 （权重60%）	组长评价 （权重20%）	学生互评 （权重20%）
1	学习态度	10	出勤率、听课态度、实训表现等			
2	学习能力	30	回答问题、完成学生工作面质量等			
3	操作能力	40	实训成果质量			
4	团结协作精神	20	以所在小组完成工作的质量、速度等进行综合评价			
	合　计	100				

学习任务二　堆锥四分法缩分煤样

【学习目标】

(1) 通过仔细阅读《煤样的制备方法》(GB/T 474—2008)，明确学习任务。

(2) 根据制样安全操作规定和实际情况，合理制订工作（学习）计划。

(3) 正确认识堆锥四分法的操作方法。

(4) 独立完成堆锥四分法缩分煤样的操作。

【建议课时】

4 课时。

【学习工作流程】

学习活动 1　明确工作任务

学习活动 2　工作前的准备

学习活动 3　现场操作

学习活动 4　总结与评价

学习活动 1　明确工作任务

【学习目标】

(1) 通过仔细阅读制样安全规定，明确学习任务、课时分配等要求。

(2) 正确认识堆锥四分法缩分煤样的方法。

(3) 独立完成堆锥四分法缩分煤样的操作。

(4) 正确认识堆锥四分法缩分煤样的操作过程后，认真填写试验报告单。

【学习过程】

在进行操作前，学生要对堆锥四分法缩分煤样操作的要求及注意事项等内容进行查阅资料，获取了所需知识，然后回答以下问题。

(1) 简述进行堆锥四分法缩分煤样时，操作人员的安全规程。

(2) 简述进行堆锥四分法缩分煤样时，操作人员的注意事项。

(3) 简述堆锥四分法缩分煤样的方法。

（4）简述堆锥四分法缩分煤样的目的和内容。

学习活动2 工作前的准备

【学习目标】

（1）阅读《煤样的制备方法》（GB/T 474—2008），明确学习任务、熟悉堆锥四分法缩分的工具。

（2）根据堆锥四分法缩分方法，熟练缩分煤样的步骤。

（3）熟悉制样安全操作规定。

一、材料与资料

《煤样的制备方法》（GB/T 474—2008）。

二、工具器材

序号	工具或材料名称	单 位	数 量	备 注
1	毛巾			
2	手套			
3	工作服			
4	安全帽			
5	雨鞋			
6	缩分板			
7	十字分样板			
8	扁毛刷			

三、人员分工

（1）小组负责人。

（2）小组成员分工。

姓　名	分　工

四、安全防护措施

五、评价

以小组为单位，展示本组制订的工作计划，然后在教师点评的基础上对工作进行修改完善，并根据以下评分标准进行评分。

评 价 内 容	分值	评　分		
		自我评价	小组评价	教师评价
计划规定是否合理	10			
计划是否全面完善	10			
人员分工是否合理	10			
任务要求是否明确	20			
工具清单是否正确、完整	20			
材料清单是否正确、完整	20			
团结协作	10			
合　计	100			

学习活动 3　现　场　操　作

【学习目标】

（1）熟练掌握本活动安全操作规定，并能按照安全要求进行操作。

（2）正确使用十字分样板缩分煤样，同时掌握堆锥四分法缩分煤样的步骤。

（3）熟练掌握堆锥四分法缩分煤样的过程，并能进一步分析试验结果。

一、现场操作准备

（1）在进入操作现场地点前应做哪些准备工作和安全防护措施？

（2）熟悉操作环境，明确现场操作中的注意事项。

二、现场操作

（1）准确地说出堆锥四分法缩分煤样前的准备工作。

（2）正确操作堆锥四分法缩分煤样的整个流程。

（3）堆锥四分法缩分煤样结束后，进一步分析试验结果。

三、清理现场

（1）操作结束后，应进行哪些现场清理工作？

（2）验收人员提出了哪些意见或建议，你是如何回答的？

学习活动4　总结与评价

【学习目标】

（1）以小组形式，对学习过程和实训成果进行汇报总结。

（2）完成对学习过程的综合评价。

一、工作总结

以小组为单位，选择演示文稿、展板、录像等形式中的一种或几种向全班展示，汇报学习成果。

二、综合评价

学生姓名：　　　　教师：　　　　班级：　　　　学号：

序号	考评项目	分值	考 核 办 法	教师评价 （权重60%）	组长评价 （权重20%）	学生互评 （权重20%）
1	学习态度	10	出勤率、听课态度、实训表现等			
2	学习能力	30	回答问题、完成学生工作面质量等			
3	操作能力	40	实训成果质量			
4	团结协作精神	20	以所在小组完成工作的质量、 速度等进行综合评价			
	合　计	100				

模块七 煤样的干燥

学习任务一 鼓风干燥煤样

【学习目标】

(1) 通过仔细阅读《煤样的制备方法》(GB/T 474—2008)，明确学习任务。

(2) 根据制样安全操作规定和实际情况，合理制订工作（学习）计划。

(3) 正确认识鼓风干燥箱的工作原理及技术参数。

(4) 独立完成鼓风干燥煤样的操作。

【建议课时】

4 课时。

【学习工作流程】

学习活动1 明确工作任务

学习活动2 工作前的准备

学习活动3 现场操作

学习活动4 总结与评价

学习活动1 明确工作任务

【学习目标】

(1) 通过仔细阅读制样安全规定，明确学习任务、课时分配等要求。

(2) 正确认识鼓风干燥箱的工作原理、技术参数、使用条件及注意事项。

(3) 独立完成鼓风干燥箱干燥煤样的操作。

(4) 正确认识鼓风干燥箱干燥煤样的操作过程后，认真填写试验报告单。

【学习过程】

在进行操作前，学生要对鼓风干燥箱的工作原理、技术参数、使用条件及注意事项等内容进行查阅资料，获取了所需知识，然后回答以下问题。

(1) 简述进行鼓风干燥煤样时，操作人员的安全规程。

（2）简述进行鼓风干燥煤样时，操作人员的注意事项。

（3）简述鼓风干燥箱的工作原理、技术参数及使用条件。

（4）简述鼓风干燥煤样的目的和特点。

学习活动2 工作前的准备

【学习目标】

（1）阅读《煤样的制备方法》（GB/T 474—2008），明确学习任务、熟悉鼓风干燥箱的特点和工作原理。

（2）根据鼓风干燥箱的工作原理和技术参数，熟练使用方法及注意事项。

（3）熟悉制样安全操作规定。

一、材料与资料

《煤样的制备方法》（GB/T 474—2008）。

二、工具器材

序号	工具或材料名称	单 位	数 量	备 注
1	毛巾			
2	手套			
3	工作服			
4	安全帽			
5	雨鞋			
6	鼓风干燥箱（温度可控）			
7	镀锌铁盘			

三、人员分工

（1）小组负责人。

（2）小组成员分工。

姓　名	分　工

四、安全防护措施

五、评价

以小组为单位，展示本组制订的工作计划，然后在教师点评的基础上对工作进行修改完善，并根据以下评分标准进行评分。

评价内容	分值	评分		
		自我评价	小组评价	教师评价
计划规定是否合理	10			
计划是否全面完善	10			
人员分工是否合理	10			
任务要求是否明确	20			
工具清单是否正确、完整	20			
材料清单是否正确、完整	20			
团结协作	10			
合　计	100			

学习活动3 现 场 操 作

【学习目标】

（1）熟练掌握本活动安全操作规定，并能按照安全要求进行操作。

（2）正确理解鼓风干燥箱工作原理，同时掌握鼓风干燥煤样的操作步骤。

（3）熟练掌握鼓风干燥箱干燥煤样的步骤，并能进一步分析鼓风干燥箱的使用工作条件及注意事项。

一、现场操作准备

（1）在进入操作现场地点前应做哪些准备工作和安全防护措施？

（2）熟悉操作环境，明确现场操作中的注意事项。

二、现场操作

（1）准确地说出进行鼓风干燥煤样前的准备工作。

（2）正确操作鼓风干燥煤样的整个步骤。

（3）鼓风干燥煤样结束后，进一步分析试验结果。

三、清理现场

（1）操作结束后，应进行哪些现场清理工作？

（2）验收人员提出了哪些意见或建议，你是如何回答的？

学习活动4 总 结 与 评 价

【学习目标】

（1）以小组形式，对学习过程和实训成果进行汇报总结。

（2）完成对学习过程的综合评价。

一、工作总结

以小组为单位，选择演示文稿、展板、录像等形式中的一种或几种向全班展示，汇报学习成果。

二、综合评价

学生姓名： 教师： 班级： 学号：

序号	考评项目	分值	考 核 办 法	教师评价（权重60%）	组长评价（权重20%）	学生互评（权重20%）
1	学习态度	10	出勤率、听课态度、实训表现等			
2	学习能力	30	回答问题、完成学生工作面质量等			
3	操作能力	40	实训成果质量			
4	团结协作精神	20	以所在小组完成工作的质量、速度等进行综合评价			
	合 计	100				

学习任务二　电热板干燥煤样

【学习目标】

（1）通过仔细阅读《煤样的制备方法》（GB/T 474—2008），明确学习任务。

（2）根据制样安全操作规定和实际情况，合理制订工作（学习）计划。

（3）正确认识电热板的特点及主要技术参数。

（4）独立完成电热板干燥煤样的操作。

【建议课时】

4 课时。

【学习工作流程】

学习活动 1　明确工作任务

学习活动 2　工作前的准备

学习活动 3　现场操作

学习活动 4　总结与评价

学 习 活 动 1　明 确 工 作 任 务

【学习目标】

（1）通过仔细阅读制样安全规定，明确学习任务、课时分配等要求。

（2）正确认识电热板的特点及主要技术参数。

（3）独立完成电热板干燥煤样的操作。

（4）正确认识电热板干燥煤样的操作过程后，认真填写试验报告单。

【学习过程】

在进行操作前，学生要对电热板的结构、主要技术参数、使用方法及注意事项等内容进行查阅资料，获取了所需知识，然后回答以下问题。

（1）简述电热板干燥煤样时，操作人员的安全规程。

（2）简述电热板干燥煤样时，操作人员的注意事项。

（3）简述电热板的结构及主要技术参数。

（4）简述电热板的使用方法和注意事项。

（5）简述电热板干燥煤样的目的和内容。

学习活动2 工作前的准备

【学习目标】

（1）阅读《煤样的制备方法》（GB/T 474—2008），明确学习任务、熟悉电热板的特点和工作原理。

（2）根据电热板的特点及主要技术参数，熟练电热板的使用方法。

（3）熟悉制样安全操作规定。

一、材料与资料

《煤样的制备方法》（GB/T 474—2008）。

二、工具器材

序号	工具或材料名称	单位	数量	备注
1	毛巾			
2	手套			
3	工作服			
4	安全帽			
5	雨鞋			
6	电热板			
7	煤样盘			
8	搅拌丝			

三、人员分工

（1）小组负责人。

（2）小组成员分工。

姓　　名	分　　工

四、安全防护措施

五、评价

以小组为单位，展示本组制订的工作计划，然后在教师点评的基础上对工作进行修改完善，并根据以下评分标准进行评分。

评 价 内 容	分值	评　分		
		自我评价	小组评价	教师评价
计划规定是否合理	10			
计划是否全面完善	10			
人员分工是否合理	10			
任务要求是否明确	20			
工具清单是否正确、完整	20			
材料清单是否正确、完整	20			
团结协作	10			
合　计	100			

学习活动3 现 场 操 作

【学习目标】

（1）熟练掌握本活动安全操作规定，并能按照安全要求进行操作。

（2）正确掌握电热板的特点及技术参数，同时掌握电热板干燥煤样的操作步骤。

（3）熟练掌握电热板干燥煤样的操作步骤，并能进一步分析电热板的注意事项、常见故障及排除。

一、现场操作准备

（1）在进入操作现场地点前应做哪些准备工作和安全防护措施？

（2）熟悉操作环境，明确现场操作中的注意事项。

二、现场操作

（1）准确地说出进行电热板干燥煤样前的准备工作。

（2）正确操作电热板干燥煤样的整个流程。

（3）电热板干燥煤样常见故障的分析、判断及处理。

三、清理现场

（1）操作结束后，应进行哪些现场清理工作？

（2）验收人员提出了哪些意见或建议，你是如何回答的？

学习活动4 总结与评价

【学习目标】

（1）以小组形式，对学习过程和实训成果进行汇报总结。

（2）完成对学习过程的综合评价。

一、工作总结

以小组为单位，选择演示文稿、展板、录像等形式中的一种或几种向全班展示，汇报学习成果。

二、综合评价

学生姓名：　　　　教师：　　　　班级：　　　　学号：

序号	考评项目	分值	考 核 办 法	教师评价 （权重60%）	组长评价 （权重20%）	学生互评 （权重20%）
1	学习态度	10	出勤率、听课态度、实训表现等			
2	学习能力	30	回答问题、完成学生工作面质量等			
3	操作能力	40	实训成果质量			
4	团结协作精神	20	以所在小组完成工作的质量、速度等进行综合评价			
	合　计	100